中国宏观经济研究院
Chinese Academy of Macroeconomic Research

国宏智库青年丛书

中国海洋产业转型升级研究

Research on the Transformation and Upgrading
of China's Marine Industry

盛朝迅 等◎著

中国社会科学出版社

图书在版编目（CIP）数据

中国海洋产业转型升级研究 / 盛朝迅等著. —北京：中国社会科学出版社，
2020.1
（国宏智库青年丛书）
ISBN 978 - 7 - 5203 - 5952 - 8

Ⅰ.①中… Ⅱ.①盛… Ⅲ.①海洋开发—产业发展—研究—中国
Ⅳ.①P74

中国版本图书馆 CIP 数据核字（2020）第 022794 号

出 版 人　赵剑英
责任编辑　喻　苗
责任校对　胡新芳
责任印制　王　超

出　　　版　中国社会科学出版社
社　　　址　北京鼓楼西大街甲 158 号
邮　　　编　100720
网　　　址　http://www.csspw.cn
发 行 部　010 - 84083685
门 市 部　010 - 84029450
经　　　销　新华书店及其他书店

印　　　刷　北京明恒达印务有限公司
装　　　订　廊坊市广阳区广增装订厂
版　　　次　2020 年 1 月第 1 版
印　　　次　2020 年 1 月第 1 次印刷

开　　　本　710 × 1000　1/16
印　　　张　15.75
字　　　数　220 千字
定　　　价　76.00 元

课题组成员

课题顾问

王昌林　国家发改委宏观经济研究院院长、
　　　　博士生导师、研究员

课题组长

盛朝迅　国家发改委产业所室副主任、副研究员

课题组成员

姜　江　国家发改委产业所室主任、研究员
徐建伟　国家发改委产业所副研究员、博士
杨　威　国家发改委产业所副研究员、博士
韩　祺　国家发改委产业所副研究员、博士
任继球　国家发改委产业所副研究员、博士
丁　冬　国家烟草专卖局政研室、博士
黄娅娜　中国社科院工业经济所助理研究员、博士

前　言

海洋是潜力巨大的资源宝库，也是支撑未来发展的战略空间。早在 2500 多年前，古希腊海洋学者狄米斯托克利就曾预言：谁控制了海洋，谁就控制了一切。18 世纪美国海权论者马汉指出"国家兴衰的决定因素在于海洋控制"。当今世界，面对陆地资源日渐枯竭、空天资源开发风险较大等紧迫形势，很多国家都把未来战略重点转向蓝色海洋经济。我国高度重视海洋经济发展，习近平总书记提出要进一步关心海洋认识海洋经略海洋，加快建设海洋强国。这其中，加强科技创新和战略部署，推动海洋产业转型升级，大力培育和发展海洋新兴产业，抢占未来海洋资源开发和科技竞争制高点，已成为建设海洋强国的必由之路。

基于此，本书聚焦我国海洋产业转型升级研究，重点研究我国海洋产业转型升级的基础条件、面临的主要问题、推进我国海洋产业转型升级的主要思路与目标、重点方向和主要任务、重大工程与行动计划、重大举措建议等。并就传统海洋产业、海洋新兴产业、海洋服务业和宁波、海南、青岛等沿海省市海洋产业转型升级思路与重点做行业专题和地区案例研究。同时，分析世界海洋产业发展新趋势新动向及主要发达国家海洋产业发展经验做法及对我国海洋产业发展的启示。

本书是作者长期研究思考的结晶，主要收录作者近十年来有关海洋产业发展的研究、论文和部分课题成果，部分成果先后在国家发改委《信息》《产业经济研究》《宏观经济信息研究》《宏观经济管理》《经济研究参考》《经济纵横》和《新华文摘》等内外刊发表，并被收入国家发展和改革委员会产业经济与技术经济研究所年度报告《中国产业发展报告（2015—2016）》公开出版，部分成果还获得了国家发改委领导的批示肯定，有关成果被发改委高技术司制定高技术领域新兴产业重大工程包、创新网络建设和科技部、原国家海洋局等牵头制定的《全国科技兴海规划（2016—2020）》《全国海洋经济发展"十三五"规划》等采纳，并于 2015 年 1 月在国内较早地提出了"互联网＋海洋"概念，应邀参加第五届中国海洋经济博览会、2017中国航海日论坛、第五届 APEC 蓝色经济论坛、第 287 场中国工程科技论坛（海洋强国发展战略论坛）、人社部海洋高级人才培训班交流观点，为推动海洋产业发展提供参考资料。全书分为四个部分 10 章内容：第一篇综合篇，主要从总体上论述我国海洋产业转型升级的背景、基础条件、面临挑战、未来思路和战略重点。第二篇行业篇，分别就传统海洋产业、海洋新兴产业、海洋服务业三个行业开展专题研究，包括我国海洋新兴产业发展研究、推动传统海洋产业提质增效研究、促进海洋服务业发展思路研究等三章内容。第三篇国际篇，主要分析国际海洋产业发展新趋势新动向及主要发达国家海洋产业发展经验做法及对我国海洋产业发展的启示，包括国际海洋产业发展最新动向与趋势研究、主要发达国家海洋产业转型升级经验与启示借鉴、美国促进海洋产业转型升级的经验及对我国的启示等三章内容。第四篇区域篇，主要是对宁波、海南、青岛等重点沿海省市海洋产业发展的案例研究，包括我国湾区经济发展思路与重点研究、海南旅游产业体系发展思路与对策研究、青岛蓝谷海洋产业发展思路与对策研究等三章内容。

本书从总体思路、行业发展、区域案例、国际经验等不同维度对我国海洋产业转型升级问题进行了较为深入系统的研究，提出了影响海洋产业转型升级的"五因素"模型，深化目前学术界对海洋产业转型升级的内涵、特征与发展路径的认识。同时，利用国家发改委宏观院高站位、宽视野的优势，对我国海洋产业转型升级的战略取向、发展思路和主要任务进行系统谋划，为国家"十三五""十四五"乃至今后更长一个时期海洋产业转型升级提供了参考和指引。并对国内外典型国家和地区海洋产业发展经验、思路进行了专门梳理，可供各界研究参考使用。本书兼具学术性、政策性和资料性，可作为海洋研究人员、政府管理部门和海洋企业经营管理人员分析海洋、认识海洋、经略海洋的参考资料，并为国家海洋强国建设提供理论支撑。

当然，受知识、时间、资料等方面限制，本书还存在一些不足和疏漏之处，敬请各位专家学者批评指正。

盛朝迅

2020 年 1 月

目　录

综　合　篇

行 业 篇

国　际　篇

区 域 篇

综合篇

第一章　中国海洋产业转型升级研究

　　海洋是潜力巨大的资源宝库，也是支撑未来发展的战略空间。早在2500多年前，古希腊海洋学者狄米斯托克利就曾预言：谁控制了海洋，谁就控制了一切。18世纪美国海权论者马汉指出"国家兴衰的决定因素在于海洋控制"。当今世界，面对陆地资源日渐枯竭、空天资源开发风险较大等紧迫形势，很多国家都把未来战略重点转向蓝色海洋经济。加强科技创新和战略部署，推动海洋传统产业转型升级，大力培育和发展海洋新兴产业，抢占未来海洋资源开发和科技竞争制高点，已成为世界许多国家和地区经济发展的重要战略选择。

　　中国是海洋大国，拥有绵延1.8万多公里的大陆海岸线和1.4万公里的岛屿岸线，有近300万平方公里的管辖海域，海洋资源非常丰富。改革开放以来，中国传统海洋产业稳步发展，新兴海洋产业迅速崛起。2014年，全国海洋生产总值达到5.99万亿元，比上年增长7.7%，占国内生产总值的9.4%。海洋经济已成为国民经济发展重要的、强劲的、新的增长点，对国民经济和社会发展发挥了积极带动作用。但也存在传统海洋产业占比较大、新旧产业交替青黄不接、资源环境压力加大和创新驱动作用有待强化等问题。面对新一轮科技革命与产业变革的要求和国际海洋产业发展新趋势以及"十三五"时期国家经济转型升级的总体要求，大力发展海洋经济，促进海洋产业转型升级，提升海洋产业发展质量和核心竞争力，抢占国际海洋科技产业竞争制高点，对于提高国民经济综合竞争力，加快转变经济发展方式，促进可持续发展具有重大战略意义。为此，有必要加强海洋产业转型升级问题研究，提出"十三五"期间创新驱动海洋产业转型升级总体思路、具体目标、重点任务以及保障措施，推动中国海洋产业发展迈向新台阶。

第一节　海洋产业转型升级的内涵、特征与发展路径

一　内涵与特征

海洋产业是开发、利用和保护海洋所进行的生产和服务活动的总称。① 根据《海洋及相关产业分类》（GB/T 20794—2006），结合 2012 年 9 月国务院印发的《全国海洋经济发展"十二五"规划》，可以将海洋产业分为海洋传统产业、海洋新兴产业和海洋服务业三大类。

产业转型升级的概念和内涵并未完全统一，但基本上已经形成约定俗成的界定。一般是指一定区域内各产业协调发展、技术进步和经济效益提高的过程。据此，海洋产业转型升级可以理解为海洋产业发展方式、产业结构和发展动力不断优化升级的过程。主要表现为以下三个方面：

1. 海洋产业结构不断优化升级

主要是指海洋产业新技术、新业态、新产品不断涌现，从而导致海洋新兴产业不断培育壮大、海洋服务业加快发展，引发海洋产业内部结构不断优化升级的过程。如海洋产业内部结构从传统海洋产业主导向海洋新兴产业和海洋服务业主导转变，从资源密集型、劳动力密集型等低生产率产业逐步向资本密集型、技术和知识密集型等高生产率产业转变。

2. 海洋产业附加值不断提高

主要指海洋产业向附加值高的部门或环节发展的趋势，各产业越来越多地采用高级技术、先进工艺从事生产，生产的产品和从事的工作技术知识含量越来越高，在产业价值链上获得的分工收益也越来越

---

① 《海洋及相关产业分类》（GB/T 20794—2006）。

高，海洋产业发展逐步从数量扩张型向质量效益型转变等。

3. 海洋产业发展动力逐渐更替

表现为技术知识集约化程度不断提升，产业发展驱动力逐步由原先主要依靠资源、能源、要素投入向依靠科技、依靠人力资本、依靠创新转变，创新驱动的作用明显增强。

随着海洋产业转型升级的不断演进，海洋产业结构将逐步合理化，海洋产业之间的协调能力与关联水平逐步增强，产业附加值和技术知识集约化水平也不断提升。

二　主要影响因素

总结主要发达国家和中国海洋产业转型升级的历程和经验，不难发现，影响海洋产业转型升级的因素主要有五个方面：（1）资源要素禀赋条件。海洋产业的产生、发展与转型升级都与海洋渔业、岸线、港口、海岛等海洋资源要素禀赋条件息息相关，这也是海洋产业区别于其他产业的重要特征。（2）技术创新能力。包括新技术、新产品、新工艺和新商业模式的不断涌现，是推动海洋产业转型升级的重要动力源。（3）市场需求拉动。包括人类对生产效率提高、海洋资源开发、生存空间拓展、生活质量改善、军事国防、健康和可持续发展等的重大需求是促进海洋产业不断转型升级的根本原因。（4）政策法制环境。包括相关的财税、金融、价格、规制、市场准入等政策环境是海洋产业转型升级的重要环境。（5）海洋产业发展阶段。与创新驱动发展相似，海洋产业转型升级是海洋产业发展到一定阶段的产物，是海洋产业发展与国民经济社会发展需求相互促进的结果。

三　发展路径与模式

从历史角度看，中国海洋产业发展经历了如下几个发展阶段：一是资源驱动型，主要依靠渔业、海港、岸线等资源发展海洋产业；二是投资驱动型，主要依靠资本积累、资金投入发展海洋产业；三是创

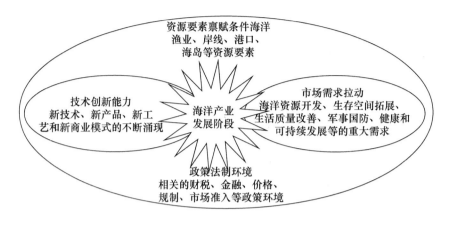

图 1-1 海洋产业转型升级的五个支柱

新驱动型,主要依靠海洋技术研发与创新发展海洋产业。此外,根据政府与市场关系,海洋产业发展路径还可以划分为政策驱动型和市场驱动型,前者指海洋产业发展主要依靠政府规划、投入、招商引资、建设临港产业园区、加快基础设施建设等方式发展海洋产业,后者主要指依靠市场需求拉动,以企业为主体根据市场需求和产品升级情况推动海洋产业发展的模式。

从中国海洋产业转型升级的现实路径来看,实现海洋产业转型升级实质上是指中国海洋产业发展要从更多依靠资源驱动型、投资驱动型转向更多依靠创新驱动型和市场驱动型。

第二节 国际海洋产业发展动向、经验与启示借鉴

一 国际海洋产业发展最新动向与趋势

(一)全球海洋产业发展格局加快调整,海洋产业发展重点向新兴国家转移

全球新一轮科技革命和产业变革孕育兴起,将推动全球海洋产业发展深刻变革。世界各国根据自身资源禀赋优势加快调整本国海洋产业布局。发达国家凭借本国资本和技术优势,不断提高海洋产业的技

术含量,向资本密集型产业转型,一些新兴国家抓住海洋产业转移给本国带来的发展机遇,利用本国的廉价劳动力和强大的市场需求优势,加快发展海洋相关产业。

一是海工装备制造业向亚洲转移,韩国和中国等亚洲国家利用劳动力成本的比较优势,海工装备制造业发展迅速,中国、韩国、日本的造船产量已经占到世界市场份额的75%,韩国的钻井船占国际市场的80%左右。二是以中国为代表的亚洲各国成为世界海洋渔业发展的佼佼者,2014年,亚洲水产养殖的产量占世界总产量的比重超过80%,中国、印度、越南、印度尼西亚、孟加拉国和泰国等国家成为海产品的主要供给国。三是世界海运贸易向发展中国家转移,亚洲成为世界最重要的装货区和卸货区。2012年全球10大集装箱港中,中国占了7席,全球港口货物吞吐量排名前10大港口中,中国占了8席。

除此之外,世界海洋经济出现了一些新的产业,发达国家还没有形成稳定的领先优势,新兴国家抓住这一历史机遇进行弯道赶超,加快这些新兴产业的发展。以海洋可再生能源产业为例,尽管以英国为代表的欧洲发达国家在海洋可再生能源技术方面已经走在世界前列,但这些国家在海洋可再生能源产业的发展上还处于试验和示范的初始阶段,而中国、韩国和日本等后发国家抓住海洋可再生能源的发展机遇,已经成为技术比较领先的国家,并表现出较大的发展潜力,在未来将成为国际海洋可再生能源的有力竞争者。

另外,部分海洋产业发展呈现市场指向性特征。在新兴国家强大的市场需求的支撑下,这些产业也开始向新兴国家倾斜。例如,在中东地区和一些岛屿地区,海水淡化水在当地经济和社会发展中发挥了重要作用,在这些地区具有强大的市场需求。因此,阿联酋、沙特、以色列、新加坡和日本等国的海水淡化产业都有较大发展。

(二)海洋技术创新步伐加快,创新驱动日益成为海洋产业发展的主要力量

科技是第一生产力,创新是引领发展的第一动力,技术创新对于

具有资本密集型和技术密集型双重特征的海洋经济的发展尤为重要。海洋的自然条件更加恶劣多变，这就决定了海洋经济对技术的要求比陆域经济对技术的要求更高，海洋经济的技术密集性特征更强，海洋高新技术在现代海洋经济中扮演了关键角色。因此，世界各国在发展海洋经济过程中尤其重视技术创新，在21世纪的海洋产业发展中，海洋技术创新步伐加快，创新驱动日益成为海洋产业发展的主要力量。这主要体现在三个方面：首先，主要沿海国家在发展海洋传统产业，促进传统产业提质增效的过程中，争先加大技术创新研发力度，提升深加工技术，拓展产业链，打造本国海洋品牌，逐步占领了下游市场，以下游市场的软实力带动上游市场的强大需求，进而形成本国海洋传统产业的核心竞争力。其次，海洋新兴产业高度依赖高新技术，尤其需要创新驱动以取得国际竞争中的有利局面。各国在以海洋生物技术、新材料技术、新能源技术和海洋工程装备技术为代表的新一代海洋高新技术上取得了诸多重大突破，有效促进了本国海洋新兴产业的发展。最后，海洋服务业要提高对海洋生产的服务支撑和满足海洋消费人群的高品质服务要求，也必须提高技术含量，以创新驱动海洋服务业转型升级。海洋交通运输业需要技术创新减少运输成本，提高运输效率，涉海金融服务业需要不断创新金融服务方式满足日益增长的海洋经济活动的需求。

（三）海洋产业新增长点不断涌现，海洋产业结构升级态势明显

世界海洋经济经过半个多世纪的发展，海洋传统产业由于需求的限制，发展潜力接近饱和，而部分产业在技术进步和需求的强势支撑下，不断要求提高技术含量，加大投资，增加供给，成为海洋产业新增长点，海洋产业结构升级态势明显。具体来看，这些海洋产业新增长点主要集中在海洋新兴产业，主要包括以下产业：（1）海工装备制造业。随着人类经济活动在海洋上的渗透和对海洋资源的深入开发和争夺，世界各国对海工装备的需求开始逐渐增多。而技术进步使得海工装备制造业能够生产出高性能，能应对海上各种风险的船舶和其

他海洋装备设施，21世纪海工装备制造业进入飞速发展时期，在未来几十年里都将保持高速增长。（2）海洋生物医药产业。两个方面的原因导致了海洋生物医药产业的发展。其一是"疑难杂症向海洋要药"，需要在海洋寻找在陆地上缺乏的拥有许多药用价值和具有特殊活性的海洋生物。其二是随着各国居民收入水平的提高，人们越来越重视自身健康，这导致了海洋医疗保健产品需求的旺盛。（3）海洋可再生能源业。化石能源的不可持续导致人类将面临能源危机，而化石能源燃烧所带来的空气污染和全球气温升高也迫使世界各国急切需要寻找可替代的绿色能源。而全球海洋能储量巨大，海上的风能资源丰富，非常适合大规模开发，引起了世界各国的广泛关注。（4）海水利用业。海水利用业的发展主要是因为全球陆地水资源的污染和短缺，迫使世界各国需要向海要水，来满足内陆城市的用水需求。（5）海洋旅游业。海洋旅游业成为各国的海洋产业新增长点主要源于需求的扩大，特别是高端旅游市场的扩大，这与各国居民收入的快速增长息息相关。

（四）主要海洋大国之间围绕海洋产业制高点的竞争加剧

陆地资源的有限性和人类经济活动向海洋的延伸使世界各国认识到海洋经济对本国经济发展的重要性，也纷纷加入开采和竞争海洋资源的行列。在这一国际背景下，主要发达国家纷纷制定出台促进海洋产业发展的重大战略和计划，努力抢占新的国际竞争制高点。这主要表现在"一个基础，两个产业"。"一个基础"是指海洋科技基础，主要发达国家纷纷制定出打造本国海洋科技基础的重大战略和计划，投入大量的科技人才和资金，以此提高本国的海洋科技水平，为海洋产业发展服务。"两个产业"是指海洋油气业和海洋可再生能源产业。能源是工业发展的动力，世界所有国家的经济发展无一例外都建立在能源的持续消耗基础上。正因为如此，能源成为制约各国经济发展的重要因素，世界各国要扼住经济命运的咽喉，就必须解决现有能源供给的有限性和稀缺性，或不断开采新区域的传统能源资源，或寻求可再生的替代能源。鉴于陆地资源的有限性和开采接近饱和，世界各国将主要目光集中在海洋，纷纷加大海洋油气的开采，同时实施发展海洋可再生能源产业的重大战略。

（五）绿色低碳环保成为海洋产业发展新的主题

海洋产业是陆地产业的延续，是人类在陆地发展受限的情况下面向海洋的开拓战略。因此，世界各国在发展海洋经济时既重视对新资源的开发利用，也重视在陆地经济发展过程中所吸取的经验教训，以避免化石能源开发使用对人类带来的污染和生态环境破坏。进入21世纪后，绿色、低碳、环保成为海洋产业发展新的主题，主要体现在四个方面：首先，世界各国纷纷大力发展环境友好型的海洋产业，如海洋旅游和涉海金融等海洋服务业，这些产业不仅不会污染海洋环境，甚至还能在发展过程中兼顾到治理海洋环境的目的。其次，在有些海洋产业的发展上，更多国家注重可持续发展和可再生利用。最能体现这一点的是，以英国为代表的主要沿海国家利用本国海域海洋能储量和海上丰富的风能资源，大力发展海洋可再生能源产业，有效降低了海洋生产的碳排放，也实现了能源的可再生利用。在发展海洋传统产业时，世界各国也开始重视有序可持续生产，不仅增加了海洋养殖业的比例，在捕捞业上也严格遵循国际公约和本国海洋法规、有计划地控制捕捞强度，实现捕捞业的可持续发展。再次，世界各国纷纷改变过去在海洋产业发展过程中过度依赖能源的粗放型发展方式，不断进行技术创新以减少对化石能源的消耗。最后，世界各国在加强海洋产业发展的同时，也开展了一系列海洋环境保护措施，甚至采取一系列措施解决过去无序开发和过度开发所带来的环境污染问题。

二 主要发达国家海洋产业转型升级经验及启示

（一）立足自身资源优势，实现海洋产业转型升级

从世界海洋经济发展历程来看，取得阶段性成功的世界主要沿海国家在发展各自的海洋产业时，大都秉承和遵守了比较优势的原则，

立足自身资源禀赋优势积极发展海洋产业。比如美国走的"大陆立国，海洋突破"模式，主要依托其强大的陆域经济发展海洋产业，因此美国海洋经济发展主要是一些高新技术领域。日本走的是"陆海联动，全面开发"模式，日本是个典型的岛国，陆地资源极其匮乏，主要依托丰富的海洋资源，陆海联动，以大型港口为依托，以拓宽经济腹地范围为基础。新加坡走的是"以港兴市，工业为辅"模式，根据自身既是全球重要的港口、海洋性战略枢纽，同时贸易发达的特点，大力发展以航运为主，临海工业、旅游业为辅的海洋产业。中国海陆资源的相对禀赋差异与美国最为相似，因此，在发展海洋经济过程中，尤其要发挥陆地经济的带动和引领作用，注重陆海统筹促进海洋产业转型升级。

（二）加强对海洋产业发展的前瞻性、战略性顶层设计

海洋产业的发展是世界各国争夺海洋权益的重要基础，受到主要海洋国家的高度重视，纷纷从国家战略发展高度制定较为全面的政策法规指导和规范海洋产业的发展。比如美国制定了《21世纪海洋蓝图》《海洋行动计划》以及海洋、海岸带和五大湖管理等政策为其海洋事业描绘了宏伟的发展蓝图，并将其转化为实实在在的行动。日本通过《海洋产业基本法》，制定《海洋与日本：21世纪海洋政策建议》和《海洋政策大纲——寻求新的海洋立国》等政策法案，提出了日本海洋领域的重点发展方向与主要问题。中国海洋产业发展也应尽快明确总体定位和战略部署，加强前瞻性、战略性顶层设计，推动海洋经济持续健康发展，促进海洋新兴产业蓬勃发展。

（三）世界领先的海洋科技与教育支撑

海洋经济的技术密集性特征较强，海洋高新技术在现代海洋经济中扮演了关键角色。因此，各国加强科技和教育投入，在以海洋生物技术、新材料技术、新能源技术和海洋工程装备技术为代表的新一代海洋高新技术上取得了诸多重大突破，支撑了海洋新兴产业的发展和壮大。比如，美国十分注重对海洋生物技术的基础学科人力资源的培

养与储备，从历年的科技人力资源统计结果来看，博士学位获得者中获生命科学博士学位的人数在各基础学科中位居前列。也正是这种世界领先的海洋科技与教育的支撑，才保证了美国长期以来在海洋生物医药产业的领头羊地位。中国海洋高技术投入严重不足、高科技人才缺乏等问题严重制约了海洋产业的发展，需要重点引导人才和科研教育资金向海洋产业倾斜，建设世界领先的海洋科技与教育体系，支撑中国海洋产业的转型升级。

（四）主动占领产业链高附加值环节，打造世界知名海洋品牌

世界主要海洋大国海洋产业转型升级的过程就是一个不断提高产业的技术含量，向产业链高附加值环节攀升的过程。譬如在远洋渔业的发展上，包括挪威在内的一些海洋国家就不仅仅局限于远洋捕捞这一产业环节，它们积极延伸产业链，发展深加工技术，在产品开发和科学研究方面做足文章，通过技术的复杂性打造本国远洋渔业的核心竞争力，实现传统海洋渔业的转型升级。而中国远洋渔业的发展还仅仅停留在远洋捕捞层面，产业附加值低，不适应转型升级的要求。更为重要的是，通过提高产业技术含量，占领产业链高附加值环节，形成本国海洋产业核心竞争力，有利于塑造本国海洋品牌形象。而海洋品牌的塑造反过来又可以促进海洋产品在国际市场上的竞争力，提高产品利润，进而提高海洋产品附加值，形成一种良性循环。因此，推进中国海洋产业转型升级，必须加快提高产业技术含量、积极攀升产业链高附加值环节，并努力打造中国海洋品牌，形成促进海洋产业转型升级的良性循环机制。

（五）加强海洋环境保护力度，保证海洋环境安全

海洋环境安全是海洋经济发展的基本前提条件。首先，海洋环境安全是海洋资源质量保证的基本要求。海洋环境受到污染，很难想象海洋渔业和海洋生物医药产业等如何发展。其次，海洋生态环境破坏会导致海洋灾害频繁发生，会严重影响海洋经济行为，甚至会威胁人类的生存安全。最后，海洋环境会直接影响沿海城市的品牌形象，影

响沿海城市的滨海旅游业等一系列涉海产业。日本早期海洋经济发展不注重海洋环境保护，不仅受到其他国家的诟病，也给日本的海洋产业带来了很多不良影响。但在认识到危害后，日本痛改前非，后来在发展海洋经济时，采取了一系列补偿性的措施，如积极发展海洋高新技术，实施海洋循环经济战略，健全油污染防除体制，充实油污损害赔偿保障制度，加强海洋环保调研与技术开发以及对海上环境违法进行查处等。因此，加强海洋环境保护是发展海洋经济，促进海洋产业转型升级的重要保障，中国在海洋产业发展过程中一定要高度重视保护海洋环境，注重海洋经济可持续发展。

第三节　中国海洋产业转型升级的基础条件与存在问题

经过多年的发展，中国海洋产业总体规模快速增长、产业结构明显优化、发展实力不断增强，已成为带动国民经济增长的重要力量，具备转型升级的良好基础与条件。但也面临资源环境约束加大、技术创新能力不强和国际竞争力偏弱等瓶颈问题，进入到转型升级的关键时期。

一　转型升级的基础与条件

（一）产业总体规模快速增加，发展实力不断增强

近年来，中国海洋产业快速发展，2014 年实现增加值 59936 亿元，是 2001 年的 6 倍多，年均复合增长率超过 15.1%，已成为带动国民经济增长的重要力量。海洋产业发展对国民经济增长的贡献度增加，2014 年全国海洋产业增加值占国内生产总值比重为 9.4%，比 2001 年提高 0.7 个百分点，海洋产业引领带动作用进一步显现。

中国海洋产业结构持续优化，海洋新兴产业发展的优化带动作用日益增强。以海洋工程装备、海洋生物医药、海水综合利用和海洋新

能源等为代表的海洋新兴产业快速发展，在海洋经济中的比重不断提升。"十二五"期间，中国海洋新兴产业年均增速达20%以上[①]，高出海洋产业增速近5个百分点，逐步成为海洋产业发展的新增长点。同时，传统海洋产业技术含量和产品档次不断提高，转型升级态势日益显现，海洋渔业逐步呈现出由捕捞向养殖、由近海向深海远洋、由数量增长型向效益扩张型转变的良好趋势，海洋船舶工业中中高端船舶订单量和完工量占比明显提升。

一批龙头企业快速发展壮大，综合实力不断提升。在海洋工程装备制造领域，上海船厂船舶公司、烟台中集来福士海洋工程公司、中远船务工程、大连船舶重工、武昌船舶重工、扬子江船业、金海重工等龙头骨干企业保持平稳增长，在多型海工装备自主开发、设计、建造上取得突破。在海上风电设备领域，华锐、东方电气、金风科技等在整机制造环节优势突出，已经具备全球竞争力。在海洋生物医药领域，山大华特、山东达因等海洋生物医药企业核心优势明显。

（二）产业技术创新不断突破，创新驱动发展能力稳步增强

中国海洋产业发展科技创新体系逐步完善，创新投入不断增长，创新成果不断涌现，创新驱动发展能力稳步增强。从创新投入看，2012年中国海洋产业R&D经费支出和R&D人员分别达到了122.6亿元和26151人，比2011年增长了12.4%和4.3%。从创新产出看，2005—2012年，海洋科技专利申请受理数增长迅速，2012年达5120件，是2005年的12倍多，其中，发明专利4202件，是2005年的17倍多，占专利申请受理数的82.1%。在海工装备、生物医药和海洋新能源等领域一批关键技术成果不断涌现。以海洋生物医药为例，自中国首个具有自主知识产权的海洋药物藻酸双酯钠（PSS）研制成功以来，中国已成功研制出多种以海洋生物为基础来源的抗心血管疾病、消炎镇痛、抗癌及抗艾滋病药物。其中，海藻纤维、海洋生物碱

---

① 高伟：《新兴产业成海洋经济新增长极》，《经济参考报》2015年6月24日第1版。

性蛋白酶、高纯氨基葡萄糖硫酸盐等产品均已达到国际先进水平，甚至领先于国际同类产品。① 在海工装备领域，中国在深水半潜式钻井平台、自升式钻井平台等海洋工程装备的研究和制造方面取得了一大批重大自主创新成果，特别是"海洋石油 981"深水半潜式钻井平台建成使用，标志着中国在海洋工程装备领域已经具备了自主研发能力和国际竞争能力。另外，海水淡化技术已日趋成熟，反渗透、低温多效等海水淡化关键技术取得重大突破，反渗透技术实现了产业化。海洋风能、潮汐能、波浪能、潮流能和温差能等海洋可再生能源开发利用也取得了重大突破。

（三）产业发展需求稳步增长，未来发展空间较为广阔

从市场需求角度看，随着中国综合国力的攀升，城镇化、工业化进程的加快和人民生活水平、消费水平、消费层次的不断提高，国内市场对海洋产业产品的需求快速上升，为海洋产业发展提供巨大发展空间。比如人们对健康、食品、特效药物的需求会催生海洋生物育种和健康养殖、海洋生物医药与功能制品业的发展；为了突破资源、能源和环境瓶颈，需要海水利用、海洋新材料、海洋新能源和海洋节能环保产业发展；加强对深海资源的勘探、研究和开发，实现国家的海洋战略需要各种海洋装备和精密仪器产业发展；海洋旅游快速兴起，海岛度假、邮轮旅游、海洋运动旅游、海洋文化旅游等海洋旅游业市场需求将快速增加；为满足日益增长的海洋经济活动的需求，涉海金融服务、海洋交通运输等海洋服务业发展也将迎来较大机遇。展望未来，中国海洋产业特别是海洋新兴产业市场空间巨大。以海洋生物医药业为例，据中国海洋经济统计公报资料显示，2010 年，海洋生物医药业全年实现增加值 67 亿元，到 2014 年，这个数值达到 258 亿元，增长将近 3 倍，说明中国海洋生物医药业需求巨大，并且增长速度较快。

---

① 孙继鹏等：《海洋药物的研发现状及发展思路》，《海洋开发与管理》2013 年第 3 期。

（四）海洋资源丰富，将有力支撑海洋产业转型升级

中国海域面积约 300 万平方公里，500 平方米的海岛有 6500 个以上，油气、矿产和生物等资源丰富。随着海洋产业转型升级特别是海洋新兴产业发展步伐加快，中国海洋资源优势将进一步凸显，有力支撑产业转型升级。一是中国海域拥有多样的海洋生物资源，将成为海洋生物医药产业等新兴产业的发展基础。在中国管辖海域里，已记录了 20200 多种海洋生物，约占全世界海洋生物总种数的 1/10。中国海洋生物资源主要可以利用于食品、药物、新材料、能源、饲料等领域。例如，中国海域的海藻十分丰富，国外研究表明每平方米水面的海藻每年可提取燃油 150L 以上，而中国在这方面还没起步，在大力发展海洋新兴产业的契机下，开始开发利用这些海藻进行可再生能源的开发将能够产生极大的经济价值。二是中国海域拥有珍贵的海洋矿产资源，将助推海洋能源产业的发展。目前已探明的石油资源量估计有 200 多亿吨，天然气资源量估计约为 8 万亿立方米。中国大陆架浅海区广泛分布有铜、煤、硫、磷、石灰石等矿产资源，但总体开发程度不高，发展潜力较大。中国在大洋调查中还发现了富含锌、金、铜、铁、铝、锰、银等元素的海底热液矿藏，可燃冰资源量也相当丰富。三是中国拥有丰富的海水化学资源，既可以促进海水利用业的发展，又是海洋可再生能源发展的物质基础。中国有宜盐土地及滩涂资源约 0.84 万平方公里。20 世纪 90 年代以来，海盐产量一直位居世界第一。海水中也含有 80 多种元素和多种溶解的矿物质。目前，中国在直接提取钾、溴、镁等技术方面已经突破万吨。海水中还含有重水，其是核聚变原料和未来的能源，在中国开发程度不高。四是中国拥有辽阔的海洋空间资源，海岸线长达 18000 多公里，岛屿海岸线长约 14000 公里，管辖海域 300 多万平方公里，相当于中国陆地面积的 1/3，给海洋运输、海洋渔业、海洋旅游以及海上风电等海洋可再生能源等海洋产业的发展提供重要的空间资源保障。

（五）国家支持力度加大，发展环境日趋完善

党中央、国务院及海洋产业发展相关主管部门从规划、基地建设

到资金扶持等出台了支持海洋产业转型升级的一系列政策，推动海洋传统产业加快提质增效升级。党中央高度重视海洋产业发展，党的十八大报告明确提出了"提高海洋资源开发能力，发展海洋经济，保护海洋生态环境，坚决维护国家海洋权益，建设海洋强国"的宏伟目标。国务院、国家海洋局分别于 2012 年 9 月和 2013 年 1 月印发了《全国海洋经济发展"十二五"规划》和《国家海洋事业发展"十二五"规划》，从总体上对推进海洋产业发展、促进海洋产业转型升级的总体思路、主要任务和战略重点做出了部署。国家还陆续出台了推进科技兴海、建设海洋经济创新发展示范区域、开展开发性金融促进海洋经济试点、加快发展海水淡化、海工装备、海洋可再生能源等海洋新兴产业等专门性规划和有关政策，营造良好的政策环境，推动海洋产业加快转型升级。

表 1-1　　　2011 年以来中国出台的主要海洋产业发展政策

政策名称	出台部门	发布时间	主要内容
国家科技兴海产业示范基地认定和管理办法（试行）	国家海洋局	2011 年 4 月	促进海洋高技术产业发展，加强国家科技兴海产业示范基地建设和管理，主要内容包括示范基地的认定条件与评价标准、示范基地的申报与认定程序等。
海洋工程装备产业创新发展战略（2011—2020）	国家发展和改革委	2011 年 8 月	包括总体部署、战略重点、支持创新驱动，实施产业创新发展工程、以需求为牵引，形成产业联盟等四大战略实施途径。
国务院办公厅关于加快发展海水淡化产业的意见	国务院	2012 年 2 月	包括总体思路和发展目标、加强关键技术和装备研发、提高工程技术水平、培育海水淡化产业基地等 7 项重点工作。

政策名称	出台部门	发布时间	主要内容
海洋工程装备制造业中长期发展规划	工信部	2012 年 3 月	加快提升产业规模、加强产业技术创新、提高关键系统和设备配套能力、构筑海工装备现代制造体系；积极培育装备市场、规范和引导社会投入等。
全国海岛保护规划	国家海洋局	2012 年 4 月	提出到 2020 年实现"海岛生态保护显著加强、海岛开发秩序逐步规范、海岛人居环境明显改善、特殊用途海岛保护力度增强"的规划目标，明确了海岛分类、分区保护的具体要求，确定了海岛资源和生态调查评估、偏远海岛开发利用等 10 项重点工程。
全国海洋功能区划（2011—2020年）	国务院	2012 年 4 月	科学评价中国管辖海域的自然属性、开发利用与环境保护现状，统筹考虑国家宏观调控政策和沿海地区发展战略，划分了农渔业、港口航运、工业与城镇用海等 8 类海洋功能区。
关于推进海洋经济创新发展区域示范的通知	财政部	2012 年 5 月	支持部分地方开展海洋经济创新发展区域示范，并通过战略性新兴产业发展专项资金、海域使用金、海洋公益性行业科研专项经费、高等学校创新能力提升计划专项资金等 4 个专项资金对相关工作予以支持。
全国海洋经济发展"十二五"规划	国务院	2012 年 9 月	主要包括优化海洋经济总体布局、改造提升海洋传统产业、培育壮大海洋新兴产业、积极发展海洋服务业、提高海洋产业创新能力、推进海洋经济绿色发展、加强海洋经济宏观指导等。
国家海洋事业发展"十二五"规划	国家海洋局	2013 年 1 月	主要包括海洋资源管理、海域集约利用、海岛保护与开发、海洋环境保护、海洋生态保护和修复、海洋经济宏观调控等内容。
国务院关于促进海洋渔业持续健康发展的若干意见	国务院	2013 年 6 月	包括加强海洋渔业资源和生态环境保护、调整海洋渔业生产结构和布局、提高海洋渔业设施和装备水平、进一步改善渔民民生、提高海洋渔业组织化程度等。
海洋可再生能源发展纲要（2013—2016年）	国家海洋局	2013 年 12 月	主要包括突破关键技术、提升装备水平、示范项目建设、健全产业服务体系、资源调查与选划等 5 大重点任务、3 个示范区。

续表

政策名称	出台部门	发布时间	主要内容
全国海洋主体功能区规划	国务院	2015 年 8 月	主要包括总体要求、内水和领海主体功能区、专属经济区和大陆架及其他管辖海域主体功能区等。

二 存在问题

(一) 总体发展水平不高，转型升级难度较大

中国海洋产业经过多年快速发展，已经逐步形成规模，但海洋产业总体发展水平不高、高附加值产品少等深层次矛盾仍然存在。目前，中国主要海洋产业多以资源依赖型和劳动密集型为主，海洋产品还主要集中在初级产品阶段，产品科技含量和附加值低，在国际市场上竞争力较弱，海洋国际知名品牌不多。[1] 尽管近年来中国海洋新兴产业发展较快，但产业规模仍较小。据统计，2014 年，海洋生物医药、海水利用、海洋电力等三个海洋新兴产业增加值占主要海洋生产总值的比例尚不到2%。在海洋工程装备领域，尽管部分代表性龙头企业已具备较强竞争实力，但整个海洋工程装备行业还处于中等略偏上的发展进程中，尤其是核心零部件研发制造能力较低，国产化率低于10%，关键技术基本由欧美企业垄断，中国海洋产业转型升级仍然任重而道远。

(二) 海洋研发成果转化难，创新驱动作用有待增强

当前，中国海洋科技创新引领和支撑能力的不足，一定程度上限制了中国传统海洋产业转型升级和海洋新兴产业的加快发展。以海洋生物医药产业为例，中国从事海洋生物医药研发的科研机构与生产制造企业间尚未建立有效的合作机制，导致已通过临床试验的海洋药物迟迟不能上市。2009 年，中国抗老年性痴呆新药"971"就因难以完成产业化而以8100 万美元的价格转让给美国公司生产。据了解，青

---

[1] 郭越、董伟：《我国主要海洋产业发展与存在问题分析》，《海洋开发与管理》2010年第 10 期。

岛市海洋科技成果转化率不足 20%，海洋生物产业转化率仅为 8.6%，上海市也不足 25%，而欧美国家则保持在 60%—80% 的水平，中国与发达国家的差距较大。海洋产业发展所需的高水平人才缺乏，也是中国海洋产业转型升级的重要瓶颈。截至 2014 年底，中国人才总数已突破 1.2 亿人，而同期中国海洋人才资源总量还不足 300 万人，仅占 2.5%，与海洋经济占国内生产总值 9.5% 的比重严重不匹配，海洋产业发展所需的人才缺口较大。

（三）资源环境约束加大，生态环境问题较为突出

中国海洋产业发展还面临着较为突出的海洋资源开发与保护的矛盾，海洋资源开发利用方式粗放、海洋资源环境压力持续增大。目前，中国近岸海域水体污染、生态受损、灾害多发等生态环境问题非常突出。从海水水质情况来看，尽管全海域未达到第一类海水水质标准的海域面积有所减少，但海水水质恶化的趋势仍在延续，2001—2014 年，第三类、第四类和劣于第四类水质海域面积都在增长，尤其是第四类和劣于第四类水质海域面积增长态势更令人担忧，赤潮、绿藻等海洋污染事件时有发生，对海洋渔业等海洋经济及人类健康造成严重影响。

第四节　推进中国海洋产业转型升级的总体思路与目标

一　总体思路

深入落实习近平总书记系列重要讲话精神和"四个全面"总体战略布局，以转型升级为主线，以体制机制改革和创新驱动为根本动力，以结构调整为重点，坚持创新驱动转型发展、结构优化高端发展、生态优先绿色发展，积极实施一批重大海洋工程与行动计划，加快培育壮大海洋新兴产业、推动传统海洋产业提质增效、促进海洋服务业大发展，实现海洋资源战略性开发、海洋产业高端化发展、海洋

科技创新和海洋生态保护统筹推进共同发展，建设海洋产业发达、海洋科技先进、海洋生态健康的现代海洋产业发展体系，切实提升海洋经济综合实力，使创新真正成为推动中国海洋产业发展的重要引擎，推动海洋经济向质量效益型转变。要坚持以下几个原则：

创新驱动，转型发展。深入实施创新驱动海洋产业发展战略，充分发挥中国科教资源丰富优势，重视海洋高等教育和研发投入，加大海洋科技投入，推进各类科技创新载体建设，强化海洋人才培养和引进，完善科技创新体系，提高海洋科技创新能力，构建有利于科技资源整合、科研成果转化的体制机制，提高先进技术对海洋产业发展的支撑和驱动作用，推动外延式、粗放型的发展模式向内涵式、集约型的发展模式转变。

结构优化，高端发展。以高端船舶、海洋工程装备、现代海洋渔业、现代海洋化工等海洋新兴产业和现代海洋服务业为主要发展方向，引导企业加大新型产品、高附加值产品的研发投入，以占领产业未来竞争的制高点，推动海洋产业结构优化，实现从低端产品过度竞争向高端产品率先发展的转变。

生态优先，绿色发展。按照建设海洋生态文明的要求，坚持海洋资源开发与生态保护并重，把改善生态、保护环境作为海洋开发和海洋产业发展的重要内容，逐步提高环境准入标准，加快发展和推广绿色技术，大力推广海洋循环经济模式，提高海洋产业可持续发展能力，着力构建海洋生态产业体系。

二　发展目标

到 2020 年，中国海洋产业总量规模持续稳定增长，总产值突破 9 万亿元，初步形成以海工装备、海洋生物医药、海洋新能源等海洋新兴产业和滨海旅游、海洋运输、涉海金融等现代海洋服务业为重点的海洋产业发展体系，创新驱动成为海洋产业发展的重要动力，海洋产业科技创新能力显著提升，产业集聚效应更加突出，海洋新兴产业和海洋现代服务业加快发展，对中国海洋经济和沿海地区经济社会发展的引领和带动作用进一步增强，中国海洋经济发展逐步向创新驱动型转变。

产业发展态势迅猛，规模快速扩大。海洋产业产值年增长率保持在7%以上。其中，以海洋装备制造、海洋生物医药、海水综合利用、海洋新能源等为重点的海洋新兴产业年增长率保持在10%以上，海洋新兴产业占海洋生产总值比重由2014年的不足4%提高到6%左右，占主要海洋产业增加值比重提高到10%左右①。海洋服务业加快发展，规模总量进一步扩大，海洋旅游和港口物流等特色产业优势更加突出，海洋文化创意、研发设计、涉海金融、融资租赁等新业态成为海洋服务业的新增长点，海洋服务业技术含量进一步提高，海洋信息体系、海洋专业标准体系初步建立。传统海洋产业规模实现平稳增长，发展质量和效益明显提高。

技术水平大幅提升，形成运转高效、衔接有序的技术进步和产业研发体系。加快建设一批国家级海洋新兴产业研发中心，形成以需求为导向、企业为主体、政产学研用相结合的产业技术创新体系。一批行业标准成为国际标准，科技成果产业化率明显提高。海洋渔业的基地化、设施化、集约化水平大幅提升，掌握市场需求量大的高端船舶、深水油气钻采装备、主流海洋工程装备的自主设计和建造能力，集设计、生产、管理一体化数字制造能力明显提高，科技进步对传统海洋产业的贡献显著增强。

产业集中度明显提升，龙头企业对产业引领带动作用增强。到2020年，在海洋装备制造、海洋生物医药、海水综合利用、海洋新能源、滨海旅游、涉海金融等主要领域，形成若干行业龙头企业，龙头企业在全球范围内的资源获取、整合能力显著增强，在船舶、

---

① 根据2014年海洋统计公报，我们将海洋化工业、海洋生物医药、海洋电力、海水利用产业90%以上计算为海洋新兴产业，海洋船舶工业40%计算为新兴产业，计算得出2014年海洋新兴产业占主要海洋产业比重约8%，占全国海洋总产值比重约3.5%。

海工装备等领域的价值链掌控、标准制定、市场议价等方面的能力明显提高，形成一批满足最新国际规范要求、引领国际市场需求、具有较强影响力的知名自主品牌。龙头骨干企业的自主创新能力和产业链整合集成能力不断提高，对促进海洋产业转型升级的带动作用明显。

海洋产业创新驱动发展示范区建设积极推进，创新驱动发展示范效应显著。发挥创新驱动对海洋产业转型升级的示范带动作用，选择一批发展基础好、海洋产业发展处于向创新驱动转型窗口期、示范带动作用强的沿海地区省市加快建设一批国家海洋创新驱动发展示范区，结合国家海洋经济试点省的建设，加快培育和建设主业突出、特色鲜明、创新驱动海洋产业转型成效明显的海洋产业创新驱动发展示范区。

政策法规体系不断完善，产业发展环境明显提升。在改革创新、政策扶持、部门监管、环境营造等方面取得新突破，基本理顺海洋新兴产业发展、科技创新、政策扶持等相互支撑的关系，形成鼓励创新、崇尚进取，"大众创业、万众创新"的良好产业发展氛围。

第五节　重点方向与主要任务

一　加快培育壮大海洋新兴产业

海洋新兴产业主要包括海洋工程装备制造、海洋生物医药、海水淡化和综合利用、海洋可再生能源和海洋新材料等五大产业。要以开发海洋高新技术为核心，以市场需求为导向，从注重单项海洋技术的研究开发，向加强以重大战略性产品和推动海洋新兴产业为中心的集成创新转变，在此基础上实现关键技术的突破和集成创新，加快推动海洋新兴产业技术成果产业化，显著提高海洋经济发展的科技贡献率，逐步形成具有世界先进水平的技术创新体系和有重要影响力的海洋新兴产业发展集群。

海洋工程装备制造业。率先发展海洋油气勘探开发装备，围绕海洋资源勘探、开采、储存、运输、服务等环节，在海上钻井装备、海上油气浮式生产装置、海洋油气储运装备、海洋工程辅助船、深海潜器及勘探作业设备、关键系统与配套设备等方面突破一批高端产品。积极发展海洋可再生能源利用装备，提升海上风电机组及配套设备，潮汐能、波浪能及潮流能发电装备、施工安装装备的研发和制造能力。提高海水利用装备国产化水平，积极研发日产10万吨以上海水淡化设备、循环冷却及海水脱硫成套设备，延伸海水利用装备产业链条。

海洋生物医药产业。顺应人口老龄化趋势，以老年人保健药物产品和食品需求为重点，加快建设国内国外两个平台，提高海洋生物医药研发能力。在已具备产业规模与技术研发优势的青岛、上海、广州等地组建一批海洋生物医药产业技术创新战略联盟，整合行业科技资源和发展要素，力争建立起自主研发与合作开发并存、原创技术与集成技术并举、技术要素与金融资本有机结合的创新模式。积极与美欧日韩等先进国家合作，加强海洋抗癌药物、海洋心脑血管药物、海洋抗菌抗病毒药物、海洋消化系统药物、海洋泌尿系统药物、海洋免疫调节作用药物、海洋抗病毒药物等领域研究，建立国际领域研发合作平台，引导国内企业适应海洋生物医药业全球化发展趋势，构建具有自主知识产权、国际竞争主动权的海洋生物医药和功能食品研发产业化技术创新体系，形成具有中国特色、国际竞争力的海洋生物医药和功能食品的产品体系及产业集群。

海水淡化与综合利用业。瞄准美国、日本和中东地区的以色列、阿联酋等海水淡化发展领先国家，因地制宜开展技术合作和项目合作，选择适合中国实际情况的海水淡化技术，积极发展海水热电联产以及以膜法为主的海水淡化技术，加强海水淡化设备技术的引进吸收和合作研发，提高中国先进大型海水淡化设备的研发和生产能力，形成淡化技术装备产业，降低中国海水淡化成本，提高中国海水淡化项目规模。以海水利用企业为主体，以市场为导向，整合凝聚国内优秀的企业、高校、科研机构等，尝试在国内组建多个产学研相结合的膜法与热法海水淡化产业技术创新战略联盟，为海水利用领域的技术创新和企业发展搭建良好的平台，以推动海水利用业的快速发展。推动沿海地区与内陆地区加强合作，签订长期合同，建立海水淡化供水长效机制。

海洋可再生能源产业。适应海洋可再生能源开发涉及多学科的特征要求，以海上风电、波浪能、潮汐能等为重点，积极探索众包等新型研发模式，开展跨学科集成创新。注重政策引导，明确全国海洋可再生能源开发的空间布局及重点开发领域，有效地减少海洋可再生能源利用及其他海洋开发与海洋环境保护之间的冲突。出台鼓励扶持政策，加大海洋可再生能源开发利用专项研发资金投入力度，对海洋可再生能源设备进口给予零关税的税收优惠政策，并进一步提升上网电价补贴水平。鼓励在沿海地区率先开展海洋可再生能源交易服务区域试点，加快江苏、福建、广东等重点地区海上风电场建设，积极建设一批"互联网＋海洋可再生能源"示范基地，推动海洋可再生能源产业集聚发展。

海洋新材料产业。加强产学研结合，对海洋天然材料进行研究和开发，合成或制作成具有特殊功能的新材料，并推动海洋新材料的应用和发展。积极打造多家以海洋新材料产业为特色的高新技术产业化基地，促进人才、基地、项目协调发展，推动知识、技术、人才、资金、政策等要素聚集，加速高新技术成果产业化，促进地方优势特色高新技术产业加快发展，增强区域经济核心竞争力。

二　推动传统海洋产业提质增效

传统海洋产业主要指海洋渔业、海洋船舶工业、海洋油气业、海洋盐业和盐化工等。要以建设海洋强国为目标，以提升产业竞争力为导向，以技术创新和结构调整为重点，打造技术领先、结构合理、绿色发展的海洋产业体系，推动传统海洋产业从粗放发展向精益发展转变、从要素驱动向技术驱动转变、从低端竞争向高端升级转变、从过度开发向绿色发展转变，形成一批具有国际影响力的海洋龙头企业和知名品牌，奠定建设海洋强国的坚实基础。

海洋渔业。壮大提升海洋捕捞业，控制、压缩近海捕捞渔船数量，积极发展远洋捕捞业，巩固提高过洋性渔业，开辟新的作业海域和新的捕捞资源。合理布局海水养殖产业，大力培育海水养殖特色品种，开发健康养殖技术和生态型养殖方式，打造一批良种基地、标准化健康养殖园区和出口海产品安全示范区。加快发展海洋水产品加工业，积极开发鲜活、冷鲜等水产品加工和海洋保健食品，重点建设一批水产品精深加工基地，培育具有较高市场占有率的知名品牌。

海洋油气业。积极发展海洋油气勘探业，提高大洋深海资源及相关科学研究水平，加大深水勘探开发科技与装备的攻关力度，完成重点海域油气资源普查，提出新的油气远景区和新的含油气层位。大力发展海洋油气开发业，加强渤海、东海、南海等海域近海油气开发，由近海区域开发向深海区域开发转移，积极探索争议海域油气资源开发方式，充分参与全球油气资源开发，加大海外资源获取力度。

船舶制造业。加快发展船舶设计研发业，提升船舶设计研发机构的能力和水平，引导、支持重点骨干企业建设国家级船舶、船用配套设备研发中心，组织实施一批产业创新发展工程。优化提升船舶制造业，推进造船总装化、管理精细化、信息集成化，加快散货船、油船、集装箱船等主流船型升级换代，提高大型液化天然气船及石油气船、超大型散货船及集装箱船建造能力，发展冰区船舶、海洋科学考察船舶、游艇等新型船舶。大力发展船舶配套业，鼓励重点骨干配套企业由设备加工制造向系统集成转变，形成核心部件的国产化设计和配套能力，提高船用设备本土化装船率。

海洋盐业及海洋化工业。优化提升海盐化工产业，提高工艺技术和装备水平，推进盐化工一体化示范工程，形成以高附加值产品为主的产业新优势，建成一批重点海洋化学品和盐化工产业基地。加快海洋化工产业转型升级，推进海洋化学资源的综合利用和技术革新，重点发展化肥及精细化工产品，积极开发海藻化工新产品，大力发展海水化学新材料。

三　促进海洋服务业大发展

海洋服务业主要包括海洋交通运输业、海洋旅游业、海洋文化产业、涉海金融服务业和海洋公共服务业，要紧抓国家"一带一路"建设机遇，推动海洋服务随装备走出去，大力发展海洋交通运输业、海洋旅游业和海洋文化产业，积极发展涉海金融服务业、海洋公共服务业，促进海洋服务业向产业链高端延伸，优化产业发展布局，加快提升海洋服务业核心竞争力。

推动海洋交通运输业向综合海洋物流服务业转型。要围绕制造业需求，积极调整港口布局，优化岸线配置，建立以港口为依托的物流基地，扩大增值服务的广度和深度。以上海、天津等主要港口及内陆中心城市为主，适时将各地的场站、仓库改建为综合物流中心，建立物流服务枢纽，进一步扩大物流服务规模，提高区域综合物流服务水平。围绕国家对外发展战略，拓展物流服务范围，建立物流联盟和全球性的物流服务网络。加快实施"开边拓洋"战略，开辟北极航线，拓展东北出海口，构建西南陆海联运出海口，建设印度洋航运停泊及补给基地。建立完善、密集的全国性的物流服务网络，联结国内外各物流服务网点，形成遍布全国、覆盖世界的综合物流服务网络。围绕产业发展需求，完善疏港交通体系，发展港、铁、航、陆多式联运，实现各种运输方式的无缝对接，构建现代综合运输体系和国际物流网络体系，使港口与腹地的连接更加便利。主动对接"一带一路"建设，加快内陆无水港和物流园区建设，拓展无水港布局，扩大港口运输服务辐射范围。

培育海洋旅游业向高端化、国际化发展。引导海上旅游企业集约化、规模化发展，开发完善海上观光、休闲、娱乐、演艺、婚庆、会议等游船旅游产品。充分利用海洋历史文化资源、国防资源发展海洋文化旅游，促进涉海节会发展。引导发展海洋主题演艺产品，促进婚庆与旅游的融合。大力开发邮轮游艇等海洋旅游新兴领域，统筹规划邮轮游艇港口建设，深入推进上海、天津一南一北两个母港城市建设"国家邮轮旅游发展实验区"，进一步给予国家邮轮旅游发展实验区外资准入和扩大开放、税收优惠和费用减免、金融和信贷支持、通关便利和边检简化、购物退税和内陆联动等改革实验政策。加快将云计算、大数据等新一代信息技术应用到海洋旅游资源开发和产品管理、旅游市场开拓等方面，利用地理信息系统（GIS）的空间分析功能提供多种旅游动态信息并进行预测，推动各旅游企业信息与资源共享、客源互送，应用现代技术提高海洋旅游的开发和利用效率。

推动海洋文化产业与其他产业融合发展。依托各地独特的自然禀赋和人文资源，以丰富的文化内涵和厚重的文化底蕴做支撑，挖掘独特的具有浓郁地方特色的地方文化、饮食文化、商海文化、渔业文化、民俗文化等包装开发独特的滨海旅游产品，促进海洋文化与旅游业融合，提高产业层次和附加值。扶持发展创意设计、文艺创作、影视制作、出版发行、动漫游戏、数字传媒等海洋文化创意产业，创作推出一批海洋舞台剧、影视剧和文学作品，打造一批艺术村落、创意渔村以及具有休闲、娱乐、体验功能的海洋生态园区等海洋文化创意产业示范园区和项目，大力实施海洋文化精品工程和品牌战略，发展壮大海洋文化与创意产业。充分利用海洋、海岛、民俗、渔业和非物质文化遗产资源，扶持一批大型海洋文化企业，支持海洋文化申报世界文化遗产项目，打造海洋文化品牌。

着力打造高端涉海金融服务业。以融资租赁为引擎，鼓励相关企业在上海、天津、福建自贸区和深圳前海整合海内外供应链管理资源优势，开展贸易、供应链担保、估值、融资等供应链增值服务，打造物流、贸易、金融一体化运作平台，构建亚太供应链管理中心。加快建设若干涉海金融中心，在上海、天津、厦门等沿海经济发达地区积极培育涉海金融保险市场，加快涉海金融保险创新合作，改善涉海融资保险结构，优化涉海金融保险生态环境。争取伦敦、新加坡和香港等地航运金融和保险机构在国内开设分支机构，积极吸引外资航运金融、法律和保险机构地区总部、业务总部等落户。探索建立面向中小微型涉海企业的专业金融机构，推进现有金融机构业务转型，服务海洋经济发展。开展已投运各类船舶和在建船舶抵押贷款、预付款保函等金融业务，鼓励金融机构适当放宽航运企业建造或购置船舶的贷款额度与自有资金比例。

以科技服务带动海洋公共服务业发展。以创新、融合为动力，进一步落实"科技兴海"战略，建设一批海洋科技研发机构、孵化器和区域性海洋综合科技服务平台，推动海洋科技研发服务业发展。促进海洋科技研发及其服务业向社会开放，在完善标准体系建设和服务机构的基础上，加强对社会和企业的主动对接，推动涉海检验检测认证服务发展。加快推进"数字海洋"工程，加大海洋经济监测与评估系统建设力度。建立海洋空间基础地理信息系统，积极开展海洋生物资源及矿产资源勘探定位、海洋工程维护、海洋综合调查与测绘、海洋教育、海洋科普与文化传播等新兴服务业。研究推进海洋调查与测绘、海洋信息化和海洋标准计量等海洋公共服务的产业化，提高海洋公共服务的保障能力，提升海洋公共服务质量和水平。

第六节　重大工程与行动计划

发挥新技术、新业态、新服务对传统海洋产业改造升级的带动作用，顺应全球科技革命和产业变革的新趋势，调整政府投资方式和重点，加大对前瞻性领域投入，抓紧实施一批对海洋产业转型升级和海洋资源战略性开发有突出带动作用的重大工程。

一 "海洋工程装备创新工程"

结合《中国制造2025》实施，启动实施"海洋工程高端装备创新工程"，重点突破掌握深远海油气勘探、深海半潜式钻井平台等核心装备的设计建造能力，攻克钻井系统、动力系统等关键核心技术，加快突破豪华游轮设计建造技术、全面提升液化天然气船等高技术船舶国际竞争力，形成海洋工程装备综合试验、检测与鉴定能力，提高海洋开发利用水平，建设全球高端海洋工程装备主要供应基地。

专栏一　海洋工程装备创新工程

《中国制造2025》提出十大优先发展领域，其中包括海洋工程装备及高技术船舶。提出要大力发展深海探测、资源开发利用、海上作业保障装备及其关键系统和专用设备。推动深海空间站、大型浮式结构物的开发和工程化。形成海洋工程装备综合试验、检测与鉴定能力，提高海洋开发利用水平。突破豪华邮轮设计建造技术，全面提升液化天然气船等高技术船舶国际竞争力，掌握重点配套设备集成化、智能化、模块化设计制造核心技术。并组织实施海洋工程装备及高技术船舶等一批创新和产业化专项、重大工程。开发一批标志性、带动性强的重点产品和重大装备，提升自主设计水平和系统集成能力，突破共性关键技术与工程化、产业化瓶颈，组织开展应用试点和示范，提高创新发展能力和国际竞争力，抢占竞争制高点。到2020年，实现自主研制及应用。到2025年，自主知识产权高端装备市场占有率大幅提升，核心技术对外依存度明显下降，基础配套能力显著增强，重要领域装备达到国际领先水平。

二　"互联网 + 海洋"重大工程

虽然国务院出台的《国务院关于积极推进"互联网 +"行动的指导意见》（国发〔2015〕40 号）明确的 11 个重点领域中并没有直接提到海洋产业，但是"互联网 +"是把互联网的创新成果与经济社会各领域深度融合的产物，将会有效推动技术进步、效率提升和组织变革，形成更广泛的以互联网为基础设施和创新要素的经济社会发展新形态。对于海洋产业发展而言，"触网"是必然的趋势，海洋产业各领域与互联网的融合发展具有广阔前景和无限潜力。因此，要把握国家实施"互联网 +"行动计划的机遇，加快物联网、移动互联网、云计算、大数据等向海洋产业的渗透拓展，启动"互联网 + 海洋"重大创新工程，在海洋众创空间、海工装备智能化制造、智能海洋渔业、海洋可再生能源、远洋运输与高效物流等方面打造适合中国国情的"海洋产业智能生产模式"和"智能海洋工厂"，拥抱"互联网 +"的智慧未来，助力海洋传统产业转型升级。积极拓展涉海电子商务发展空间，发展"以销定产"及"个性化定制"的海洋产品生产方式。鼓励滨海旅游、海洋餐饮等服务业加强探索线上线下相结合的电子商务模式。

专栏二　"互联网 + 海洋"工程

建设"互联网 + 海洋"工程，重点是加快推进海洋信息基础设施建设，为海洋渔业、涉海制造、涉海旅游、涉海创新创业等提供海洋信息化系统设计、综合集成和运营维护等服务（包括但不限于以下领域），通过信息共享和价值创造，进一步提升中国海洋产业的信息化水平，推动海洋产业的技术创新和转型升级。

一是"互联网 + 海洋渔业"。加快海洋渔业信息化建设，推进海洋水产品物流集散基地和远洋渔业产品精深加工及冷链物流基地建设，开展海洋渔业关键共性技术研究，创建渔港经济区，推进海洋渔业"互联网 +"、生态化可持续发展。

二是"互联网＋智慧海港"。使用信息化手段，推进港口装卸智能化、智慧物流、港口现代管理等信息化建设，建设区域性国际航运信息平台，打造新一代国际智慧港口。加快自动化码头建设，努力建设"无人码头"。

三是"互联网＋海洋智能制造"。建设涉海大数据中心，构建国际海洋数据库网络，运用新一代互联网技术和云计算技术，打造国际化海洋大数据中心。推广"无人工厂"等智慧化生产模式，重点发展高技术船舶与海洋工程装备、海洋仪器装备和邮轮游艇装备等海洋高端装备制造业，打造以生产数字化、网络化、机器自组织为标志的海洋工业4.0。

四是"互联网＋海洋旅游"。依托优势海洋旅游产品，开启"互联网＋海洋旅游"新模式，采用多屏全网的参与形式，在官网、微博、微信同步开展"互联网＋"推广模式，提供网络购票、网络预约、网络参观和交互分享等功能，在满足线下体验的同时，以官网为平台，通过视频、图文、交互活动等多种形式宣传推广海洋文化，实现智慧出行，智慧旅游。同时，依托部分国际邮轮母港，规划建设一批城市陆域、海上旅游集散体系和旅游咨询中心等配套设施。争取国际旅客72小时过境免签、国际邮轮通关便利化等政策，吸引国际邮轮企业注册邮轮公司，开辟母港航线，增加国际邮轮挂靠密度，打造国际邮轮母港城市。

五是"互联网＋海洋创新创业"。依托涉海产业园区，以海洋众创空间、创新苗圃、留学人员创业园和专业孵化器建设为重点，加快建设涉海科技创新研发和公共孵化中心，建设一批海洋产业孵化载体。启动海洋领域大众创业万众创新工程，大力发展涉海天使投资、创业投资、股权投资，壮大蓝色基金规模，大力培育海洋科技型中小企业和创业企业。

三 "海洋牧场"发展行动计划

遵循"海洋功能规划先行,市场化操作的理念",借鉴美国、日本、韩国等经验,由近及远,依托相对独立的海岛,积极应用现代化海洋生物控制技术和系统化管理体制,利用自然的海洋生态环境,建立大型人工孵化厂、大规模人工鱼礁、全自动投喂饲料装置等一整套人工设施,将人工放流的经济海洋生物聚集起来形成人工海洋生态系统,在特定海域建设一批各具特色的海洋牧场,推动海洋水产资源稳定和持续增长,在保护海洋生态系统的同时,实现可持续生态渔业。

专栏三　海洋牧场工程的必要性和实施路径

海洋牧场本质上就是大型人工渔场。现代条件下,人们可以在一定海域,一般依托周围相对独立的海岛,建立一整套人工设施(如大型人工孵化厂、大规模人工鱼礁、全自动投喂饲料装置等),采用先进的海洋生物控制技术,建立系统化的管理体制,利用自然的海洋生态环境,将人工放流的经济海洋生物聚集起来形成人工海洋生态系统,有计划有目的地放养鱼虾贝类,提高某些经济品种的产量或整个海域的鱼类产量,以确保水产资源稳定和持续的增长,在保护海洋生态系统的同时,实现可持续生态渔业。因这种大型人工渔场的海产品养殖犹如草原牧场放牧一样,故而得名海洋牧场。但是,海洋牧场不是普通的养鱼池,而是应用海洋生物技术和现代化管理手段在特定海域建立的开发生产海洋生物资源的场所。从结构上来讲,海洋牧场是由海洋自然环境、底层"底播增殖"海洋生物、人工海洋动物繁育生长设施、分层生长海洋动物等形成的相互联系、相互制约的分层、立体水生海洋生态系统。

　　当前，建设海洋牧场具有现实紧迫性，也具有可行性。首先，人口与资源的矛盾迫使我们必须向海洋要资源，解决粮食问题。中国虽有960万平方公里的陆地，但适合耕种的面积十分有限。随着经济发展和人民生活需求提高，13亿人口与资源和环境的矛盾更加突出，必须寻找新的食物来源。其次，海洋牧场建设是解决中国面临困境的一个可行性选项。目前，国际公认的初级净生产力排序是：海草床＞热带雨林＞河口与浅海（含湿地）＞温带森林＞近海海域＞草原＞外海海域＞沙漠。在陆地上初级净生产力最高的生态系统是热带雨林，一般在2200克碳/平方米·年—2500克碳/平方米·年，海洋中初级净生产力最高的生态系统是海草床，一般约在2500克碳/平方米·年。陆地平均初级净生产力大约是1000克碳/平方米·年。因此，海洋的生产力具有超过陆地的基础与潜力。中国有约400万平方公里的海洋国土，同时还有广袤的公海水域。这些海域都有巨大的生产潜力，如果开发得好，海洋牧场建设能够解决中国食物供应困局。最后，海洋牧场建设已有国际实践经验。1968年，美国提出建设海洋牧场计划，1972年付诸实施，1974年在加利福尼亚海域利用自然苗床，培育巨藻，取得效益。1977—1987年，日本开始实施海洋牧场计划，并建成了世界上第一个海洋牧场——黑潮牧场。1998年，韩国开始实施海洋牧场计划，在庆尚南道统营市首先建设了核心区面积约20平方公里的海洋牧场，并取得初步成功。这些海洋牧场的成功实践都为中国提供了经验。中国在渤海海域进行了类似海洋牧场的实践，并取得了显著成效。

　　海洋牧场工程不只是中国为解决陆地食物资源不足而在海洋大规模建设海洋牧场而形成的工程，不只是一系列适应各自海洋环境而建立的各具特色的海洋牧场，不只是中国"海上"粮食供应战略基地群，而是国家利用现代生物技术对海洋进行的牧场式开发战略。其直接效应是打造中国海上粮食基地，服务于国家粮食安全战略，间接效应是拉动海洋生物工程发展，抢占国际产业制高点，具有重大战略意义。

海洋牧场工程要遵循"海洋功能规划先行，市场化操作的理念"。第一，国家要根据海洋生态环境制定"重要海洋牧场保护区"规划。根据海岛和海洋环境情况，制定国家海洋牧场保护区规划，划定可进行海洋牧场开发的区域。一般海域划为国家海洋牧场保护区；特殊区域也划为海洋牧场类型的国家海洋公园。保护区适度区分为核心区、缓冲区和试验区几个部分，核心区应重点用于资源的恢复与养护，缓冲区和试验区可以用于经营和收获等生产活动。第二，国家建立海洋牧场分级管理制度。建设国家、省、县（市）三级海洋牧场，国家可重点支持国家级海洋牧场建设，省、县级海洋牧场由地方政府重点建设；建立海洋牧场评估机构，承担开展各级牧场的评估；制定扶持、鼓励政策措施，建立基于市场的升级管理制度。第三，各级政府管理部门制定所管辖海洋牧场的开发规划。第四，建立海洋牧场面向市场的招投标经营制度。

四　"海上智慧城市"打造计划

依托现代信息技术、船舶制造技术和现代海洋技术，发挥中国首创的固定桩基半浮式海洋平台、海洋钻井平台、深水基础工程等成熟海洋工程技术集成优势，以黄岩岛、美济礁、永暑礁等为试点，建设一批集办公、住宅、生产、生活、信息、娱乐等功能于一体的"海上智慧城市"，一方面可以形成人工岛链，起到中国海洋战略支点作用，加速海洋资源开发进程，低成本拓展海洋疆土；另一方面也可以推动海洋科技尖端成果产出，拉动现代海洋产业发展。

专栏四　海上智慧城市打造计划

人类关于海上城市的最初设想可以追溯到圣经故事里的诺亚方舟。这是为了应对大洪水而设计的躲避灾难的海上生活设施，也是关于海上城市的最早设想之一。现实中也不乏实践着的海上城市建设案例，南海周边地区不同范围地存在的各种"高脚屋"群，可以说是海上城市的雏形。目前日本、美国等海洋大国都在加快海上人工岛建造。据报道，美国自由之船国际公司正着手建造一座史无前例的"世界最大的超级邮轮"——"自由之船"。它1400米长、37层楼高，个头相当于目前全球最大邮轮玛丽女王二世号的4倍。船上有多达1.8万套"海景房"、剧院、商业中心，甚至还有学校和医院，可供6万人同时居住。

目前，海上智慧城市一般指现代信息技术、船舶制造技术和现代海洋技术的集成平台。海上城市一般都有办公大楼、住宅大厦，还有宽阔的街道和繁华的商场。旅馆、饭店、图书馆、电视台、银行、邮局、国际机场、码头、会议中心和娱乐中心等更是一应俱全。它完全具备现代城市的所有功能，海上城市由于和现代科技发展高度结合，可以说是一个浮于海上的、高度发达且宜居的现代化城市，因此也被称为海上智慧城市。

整体来讲，海上智慧城市由技术密集型和资本密集型海上装备组成。海洋运载装备体系由岛礁浮式保障平台与码头、群岛大陆间海运装备、岛间海运装备、能源开发运载装备、渔业生产船舶装备、旅游产业运载装备、海域执法运载装备、海域监测运载装备等组成。水陆两用飞机作为浮岛之间、浮岛与陆地之间、浮岛与周边邻国之间的快速交通工具。

海上智慧城市可以分为三类。第一类是半人工式海上智慧城市。在"覆水领土"上建造人工岛。中国海域有几百个岛礁，有的是低潮时露出水面的巨大的"干出礁"，也有覆盖着一层浅水的

"覆水领土"。这些覆水领土可以通过打桩建造人工岛的方式加以开发利用。第二类是全人工海上智慧城市。利用现代技术，如固定桩基半浮式海洋平台技术，在远海岛礁附近直接建设大型人工浮岛。这些海上城市一般都有办公大楼、住宅大厦；有宽阔的街道和繁华的商场；有旅馆、饭店、图书馆、电视台、会议中心和娱乐中心；有银行、邮局、国际机场、码头。人们可以常年定居在这些由各种海上浮动平台组成的海上城市之中。海上人工浮岛是城市的缩影，却是更加现代化的、浮动的海上城市，是流动的海上国土。第三类是自我维持式海上智慧城市。全人工海上智慧城市周边建设海上牧场或其他产业项目，就变成了一个能够自我维持的城市生态系统。

海上智慧城市工程实施可以分成三步。一是仿造当年"两弹一星"工程的组织方式，在中央海权办设立重大海洋工程协调领导小组，专门负责海上智慧城市建设事务。二是组织中集集团等企业生产海上智慧城市组件。三是选定相关海域建设海上智慧城市。最初可以建设海军海上基地的方式实施。然后，伴随海洋事业的展开逐渐将建立的军用海上智慧城市转变成民用海上智慧城市。建设路径可以采取"暗礁变名岛，小岛变大岛，大岛变城市"，逐步建设海上智慧城市群。

以大型人工岛为基础的海上智慧城市群可以设在航道和岛礁的浅滩附近，不仅可为国际贸易、国际物流、渔业捕捞、渔业养殖、海洋矿产、海洋产业、生产生活、旅游度假、海洋科研、保卫海疆和护卫航运等服务，还可解决陆上城市人口扩张带来的生存空间不足问题，还能通过现代技术的应用起到引领海洋新兴战略产业发展的作用。

第七节　重大举措建议

一　推动海洋产业重大技术创新

探索设立国家级海洋产业技术创新研发机构。围绕高端船舶、海洋工程装备、海洋生物、海洋新材料等关键核心领域新设立一批国家级海洋产业技术研发机构（海洋产业创新中心），构筑以龙头企业和研发机构为核心的海洋产业创新网络，集中力量攻克对海洋产业发展有重要影响的关键共性技术。对新设立的国家级海洋产业技术研发机构，要将以政府直接拨付资金为主的研发模式转变为以政府购买服务为主的研发模式，充分调动企业和科研机构参与共性技术研发的积极性。

鼓励海洋产业企业技术创新。落实研发投入加计扣除政策，加大财政支持力度，鼓励海洋产业企业加快技术进步，支持企业加快技术改造和建设创新平台。

促进海洋产业重大技术成果转化运用。深化科技成果使用、处置和收益权改革，鼓励采取转让、许可、作价入股等方式促进海洋可再生能源技术、深（远）海技术、海洋装备制造技术、海洋环境技术等海洋科技成果转移转化。积极探索预约采购、首台（套）重大技术装备保险补偿机制等方式促进海洋新产品应用示范。充分运用价格杠杆、完善基础设施等手段，优化海洋新技术和新产品的市场应用环境。

二　培育壮大一批海洋龙头企业

组织实施海洋企业百强计划。加强对研发平台建设、创新团队培养和引进、国家重大科技项目实施、产业技术联盟构建等方面的重点支持，支持企业围绕整合创新资源加快兼并重组，开展全球化的研发布局，打造一批具有较强国际竞争力、能够带动中小企业创新发展的海洋产业龙头企业。

鼓励海洋产业企业上市挂牌。加快新股发行向注册制转变，探索允许营业收入和资产规模符合一定条件的未盈利海洋产业创新型企业在新兴产业板块和创业板上市。

三 强化金融政策支持海洋产业转型升级

进一步发挥好新兴产业创业投资引导基金作用。建议国家支持设立海洋新兴产业创业投资子基金，适当提高国家级引导基金的出资比例，柔性安排基金规模与存续期。

组建海洋产业转型升级股权基金。建议财政部、国家开发银行牵头设立海洋产业转型升级股权基金，主要用于沿海省市联动性重大项目的开发和建设，沿海各省市财政入股，吸引保险机构等战略性投资，通过市场化手段，放大财政资金倍数，为海洋产业转型升级提供雄厚的资金支持。支持地方设立海洋产业发展基金。

积极发挥开发性金融机构作用。建议国家高度重视发挥开发性金融机构作用，扩大政策性银行专项贷款规模和资产证券化规模，通过贴息贷款、长期贷款、发行长期债券等方式支持海洋产业转型升级重要基础设施项目建设。

四 夯实海洋产业发展的人才基础

加快引进和培育各类海洋高级人才。鼓励高校教育机构加强海工装备、海洋新能源、海洋生物等专业学科建设，支持有条件的高等院校有重点、有选择地开设新学科、新专业，加大教育投入和师资力量培养。促进高等院校人才培养密切对接企业发展需求，设立实训基地。探索降低永久居留权门槛、放宽签证期限、个人所得税减免等人才政策试点，积极引进复合型、领军型优秀国际海洋人才归国或来华工作。

加大对海洋职业教育的支持力度。建议加大海洋职业教育培训的支持力度，在基础设施投入、师资队伍培养、招生等方面对海洋产业相关专业适当倾斜，给予职业教育和义务教育同等的待遇，鼓励和引导社会资本进入海洋产业职业教育领域，加强对海洋从业人员技能培训，培育一批高素质海洋产业工人和现代海洋服务业人才。

五 打造一批创新驱动海洋产业升级示范区

继续做好各项试点工作。继续支持山东、浙江、广东等地海洋经济试点，加大支持山东、浙江、福建、广东等地海洋经济创新发展区和国家海洋高技术产业基地建设。

加快推进创新驱动海洋产业升级示范区建设。在全国海洋经济试点、海洋经济创新发展区和国家海洋高技术产业基地建设的基础上，积极开展创新驱动海洋产业升级示范区建设，在土地、财税、金融和产业准入等方面赋予试点地区一定的先行先试条件，支持示范区在构建创新导向的绩效考核机制、适度宽松的海洋新兴产业准入机制、以创新为纽带的金融资本与产业资本融合机制、知识产权保护与综合防御机制、开放式国际合作的创新机制等方面大胆探索，摸索经验，带动全国海洋经济发展方式转变。

六 借助"一带一路"促进海洋产业国际化发展

以"21世纪海上丝绸之路"建设为契机，把握海洋产业全球化发展的新趋势、新特点，树立全球性海洋经济战略观，逐步深化国际合作，积极探索合作新模式，在更高层次上参与国际合作，从而提升海洋产业自主发展能力与核心竞争力。

打造"一带一路"综合交通枢纽。融入国家"一带一路"建设，强化大连、青岛、上海、舟山、厦门、广州、海南等战略支点功能，建设过境海铁联运大通道，推进"21世纪海上丝绸之路"沿线港口之间的互联互通，增加航线密度，建设一批国家"一带一路"东西南北全向开放的重要门户和桥头堡。深入推进海洋领域国际合作，拓展海洋经济发展对外开放新空间。

推进重点产业领域对外合作。积极开展与"一带一路"沿线国家的产业合作，完善海外投资的人才、技术和法律等支撑服务体系，鼓励海洋工程装备等海洋产业开拓国际市场，加速其在非洲、东盟和印度洋区域的布局，开展零部件生产和装备组装活动，与各类中外企业开展高水平的合资合作。大力发展远洋渔业，支持建设境外远洋渔业基地、水产品加工基地和海水养殖基地。推动海洋能源资源开发合作，利用当前国际油气业深度调整期，加速在非洲、西亚和东盟的战略储备建设。加强国际产能合作，加快海水淡化装备走出去步伐。引导龙头企业开展海外并购，推动商业模式创新。积极承办各类涉海国际会议、博览会和展览交易活动，促进经贸、科技、文化等领域交流和相关涉海服务业快速发展。

加快建设一批海洋产业国际化开发示范区。在沿海地区建设一批海洋产业国际化开发示范区，在海洋产业合作、跨国交通物流等方面先行先试，深化管理、技术、人才、制度国际合作与交流，推动海洋科技国际合作与产业创新，努力提高海洋产业研发、制造、营销等各环节的国际化发展水平和海洋产业人才、企业、创新基地等国际化发展能力，构筑中国参与全球海洋开发合作的示范平台。

行　业　篇

第二章 "十三五"时期海洋新兴产业发展研究

　　海洋新兴产业是近些年提出的一个新概念。目前，国内对海洋新兴产业的理论研究总体上处于起始阶段，有关理论和概念体系尚不完善。有学者指出，战略性海洋新兴产业主要是指能够体现中国海洋战略意图，以海洋高新技术为首要特征，在海洋经济发展中具有广阔市场前景和巨大发展潜力，能够引领海洋经济发展方向，推动海洋产业结构升级和海洋经济方式转变的海洋新兴产业。他们将现阶段中国战略性海洋新兴产业划分为海洋生物医药产业、海水淡化和海水综合利用产业、海洋可再生能源产业、海洋重大装备业和深海产业等五大类。[1] 而根据《全国海洋经济发展"十二五"规划》海洋经济产业的划分，海洋新兴产业主要分为海洋工程装备制造业、海洋药物和生物制品业、海洋可再生能源业和海水利用业等四类。除此之外，还有很多学者和专家对海洋新兴产业定义和范围进行了分析和解读，他们大多认为高新技术是海洋新兴产业的关键要素[2]，且这些产业一般而言属于第二产业。

　　在"十三五"期间，中国经济从高速发展转为中高速发展的"新常态"时期，我们发展海洋新兴产业是为了维持海洋经济以至国

---

[1]　郝艳萍、仲雯雯:《战略性海洋新兴产业发展六大路径》,《中国海洋报》2014 年 12 月 24 日第 4 版, http://epaper.oceanol.com/shtml/zghyb/20121224/73609.shtml。

[2]　刘堃:《中国海洋战略性新兴产业培育机制研究》,博士学位论文,中国海洋大学,2013 年;姜秉国、韩立民:《海洋战略性新兴产业的概念内涵与发展趋势分析》,《太平洋学报》2011 年第 5 期。

民经济可持续发展，推动东部沿海地区经济结构调整和增长方式转变，特别是维持和拉动国民经济的中高速增长，因此，结合前面的研究，本书认为战略性海洋新兴产业既包含那些海洋高新技术产业，也包含那些具有新增长点特征的海洋产业。表 2-1 报告了根据中国海洋经济统计公报整理的 2011—2014 年海洋主要产业经济增长速度。在这 4 年，海洋主要产业的平均增长速度为 7.57%，增长速度超过 10% 的有海洋矿业、海洋化工业、海洋生物医药业、海洋电力业、海洋工程建筑业和海洋旅游业。而其中海洋矿业、海洋化工业和海洋旅游业是之前的研究没有写入海洋战略新兴产业门类的，在这三个产业中，海洋矿业的增加值在海洋产业中的份额太小，而海洋旅游业属于海洋服务业的范畴。因此，本研究报告仅将海洋化工业纳入海洋新兴产业，在《全国海洋经济发展"十二五"规划》基础上，纳入海洋新材料产业，将战略性新兴产业划分为海洋工程装备、海洋生物医药、海洋利用、海洋可再生能源和海洋新材料等五大产业。

表 2-1　　　　海洋主要产业经济增长速度（2011—2014）　　　　单位：%

产业类别	2011	2012	2013	2014	复合增长率
海洋渔业	3.7	6.4	5.5	6.4	5.49
海洋油气业	6.7	-8.7	0.1	-5.9	-2.13
海洋矿业	2.1	17.9	13.7	13	11.52
海洋盐业	0.8	-7.3	-8.1	-0.4	-3.83
海洋化工业	2.5	17.4	11.4	11.9	10.67
海洋生物医药业	15.7	13.8	20.7	12.1	15.53
海洋电力业	25	14.3	11.9	8.5	14.76
海洋利用业	10.2	4	9.9	12.2	9.03
海洋船舶工业	17.8	-1.1	-7.7	7.6	3.71
海洋工程建筑业	14.9	12.7	9.4	9.5	11.60
海洋交通运输业	7.1	6.5	4.6	6.9	6.27
海洋旅游业	12.5	9.5	11.7	12.1	11.44
海洋科研教育管理服务业	10.6	7.3	7.3	8.1	8.32
总计	9.7	6.6	6.9	8.1	7.57

注：复合增长率通过 2010 年和 2014 年增加值计算而来。

数据来源：2011—2014 年中国海洋经济统计公报。

第一节 发展基础与条件

一 具有较好的发展基础

中国海洋经济发展良好。根据国家海洋局公布的《中国海洋经济统计公报》有关数据，2014年全国海洋生产总值59936亿元，比上年增长7.7%，海洋生产总值占国内生产总值的9.4%，据粗略统计，目前大多数海洋国家的海洋生产总值占本国GDP的比重为1%至3%，仅有少数国家可以达到6%至7%，由此可见中国海洋经济对整个国民经济的重要性。在海洋经济中，海洋产业增加值35611亿元，海洋相关产业增加值24325亿元。海洋第一、第二、第三产业增加值占海洋生产总值的比重分别为5.4%、45.1%、49.5%。（见表2-2）据测算，2014年全国涉海就业人员3554万人，接近全国就业总人数的5%。中国海洋经济体量巨大，更多的人才积聚在海洋经济活动中，更重要的是海洋经济的产业转型升级态势明显，这无疑会促进海洋新兴产业的发展。

表2-2   2014年海洋主要产业增加值及份额

产业类别	增加值（亿元）	海洋产业份额（%）
海洋渔业	4293	17.1
海洋油气业	1530	6.1
海洋矿业	53	0.2
海洋盐业	63	0.2
海洋化工业	911	3.6
海洋生物医药业	258	1.0
海洋电力业	99	0.4
海洋利用业	14	0.1
海洋船舶工业	1387	5.5
海洋工程建筑业	2103	8.4
海洋交通运输业	5562	22.1
海洋旅游业	8882	35.3
总计	25155	100

数据来源：《2014年中国海洋经济统计公报》。

近年来，中国在保持近海捕捞、海水养殖、远洋渔业等海洋传统产业稳中有增的同时，海洋生物药物与制品业、海洋可再生能源产业等科技附加值高的新兴海洋产业持续发展。刚刚发布的《2014 年中国海洋经济统计公报》显示，相比传统海洋产业，中国海洋新兴产业总体保持稳步增长。2014 年，中国海洋生物医药业和海水利用业等新兴产业全年增加值均实现了两位数增长。其中，海洋生物医药业全年实现增加值 258 亿元，比上年增长 12.1%；海水利用业全年实现增加值 14 亿元，比上年增长 12.2%。正如《中国海洋发展指数报告（2014）》所言，中国海洋新兴产业规模虽小，但由于其科技附加值高，因此，占海洋生产总值的比重稳步提升，发展势头强劲、潜力巨大，对海洋经济的拉动作用不断提升，对海洋经济增长贡献不断增加。"十三五"期间，在现阶段国情和既有政策方针的支持下，中国海洋新兴产业会继续向前发展，成为海洋经济的主导产业。

二 资源优势更加凸显

中国海域面积约 300 万平方公里，500 平方米的海岛有 6500 个以上，油气、矿产和生物等资源丰富。"十三五"期间，在发展海洋新兴产业过程中，中国的海洋资源优势将更加凸显，这主要表现在：

一是中国海域拥有多样的海洋生物资源，将成为海洋生物医药产业等新兴产业的发展基础。在中国管辖海域里，已记录了 20200 多种海洋生物，约占世界海洋生物总种数的 1/10。中国海洋生物资源主要可以利用于食品、药物、新材料、能源、饲料等领域。例如，中国海域的海藻十分丰富，国外研究表明每平方米水面的海藻每年可提取燃油 150L 以上，而中国在这方面还没起步，在大力发展海洋新兴产业的契机下，开始开发利用这些海藻进行可再生能源的开发将能够产生极大的经济价值。二是中国海域拥有珍贵的海洋矿产资源，将助推海洋能源产业的发展。中国深海的石油和天然气资源，目前发现的石油资源量估计有 200 多亿吨，天然气资源量估计约为 8 万亿立方米。

中国大陆架浅海区广泛分布有铜、煤、硫、磷、石灰石等矿，开发主要集中在山东省、广东省、广西壮族自治区、海南省和福建省，但总体开发程度不高。1991年经联合国批准中国在太平洋获得面积达15万平方公里的多金属结核开辟区，中国在大洋调查中还发现了富含锌、金、铜、铁、铝、锰、银等元素的海底热液矿藏，但开发利用尚处于研究阶段。除此之外，可燃冰在中国管辖海域里广泛存在，据测算，仅中国南海的可燃冰资源量就达到700吨油当量，但由于可燃冰生成环境复杂、特殊、开采难度大，中国直到1990年才开始可燃冰的利用和开采技术研究。三是中国拥有丰富的海水化学资源，既可以促进海水利用业的发展，还是海洋可再生能源发展的物质基础。中国有宜盐土地及滩涂资源约0.84万平方公里。20世纪90年代以来，海盐产量一直位居世界第一。海水中也含有80多种元素和多种溶解的矿物质。目前，中国直接提取钾、溴、镁等技术方面已经突破万吨。海水中还含有重水，其是核聚变原料和未来的能源，在中国开发程度不高。四是中国拥有辽阔的海洋空间资源，给海洋可再生能源等海洋新兴产业的发展提供无限可能。中国海岸线长达18000多公里，岛屿海岸线长约14000公里，管辖海域300多万平方公里，相当于中国陆地面积的1/3。海洋空间资源的利用主要包括交通运输、生产、通信和电力输送、储藏及交通、娱乐设施等方面。更重要的是，中国海水风电的开发利用尤其依赖于中国海洋空间资源。

三 发展潜力巨大

一是国家加大对海洋新兴产业的重视和扶持力度。国家在战略性新兴产业和大力发展海洋经济两个方面的战略选择为海洋新兴产业的发展提供重要历史契机。党中央、国务院高度重视海洋经济，特别是海洋新兴产业在国民经济中的战略作用。主要国家领导人多次提出要合理利用海洋资源，大力发展海洋产业。党的十八大报告提出发展海洋经济、保护海洋环境和维护海洋权益，并重点指出海洋强国梦是中国梦的一个重要组成部分。国务院下发的全国海洋经济发展"十二五"规划中明确表示要培育壮大海洋新兴产业,加快海洋工程装备制造业、海洋药物和生物制品业、海洋可再生能源业和海洋利用业的发展。二是中国国内市场需求快速增长为新兴海洋产业发展提供巨大发展空间。随着中国综合国力的攀升,城镇化、工业化进程的加快和人民生活水平、消费水平、消费层次的不断提高,国内市场对战略性海洋新兴产业产品的需求快速上升,为战略性海洋新兴产业发展提供巨大发展空间。比如人们对健康、食品、特效药物的需求会催生海洋生物育种和健康养殖、海洋生物医药与功能制品业的发展;为了突破资源、能源和环境瓶颈,需要海水利用、海洋新材料、海洋新能源和海洋节能环保产业发展;加强对深海资源的勘探、研究和开发,实现国家的海洋战略需要各种海洋装备和精密仪器产业发展。展望未来,中国战略性海洋新兴产业市场空间巨大。以海洋生物医药业为例。据中国海洋经济统计公报资料显示,2010年,海洋生物医药业全年实现增加值67亿元,到2014年,这个数值达到258亿元,增长将近3倍,说明中国海洋生物医药业发展空间巨大,并且增长速度较快。三是沿海各地纷纷把培育海洋新兴产业作为调结构、转方式的重要引擎。为推动海洋生物医药等海洋新兴产业的快速发展,福建省于2012年设立了海洋高新产业发展专项,每年划拨2000万元,扶持海洋生物工程、海洋医药食品、海洋化工、海水综合利用、海洋可再生能源利用和海洋工程装备制造等海洋高新技术新兴产业的技术开发及产业化项目建设。为了促进海洋新兴产业的发展,2015年深圳市海洋新兴产业基地积极启动围填海工程,同时,深圳市大鹏海洋生物产业园积极创建国家级海洋经济科学发展示范园区。除此之外,深圳培育壮大海洋新兴产业,计划每年安排2.5亿元的专项资金支持海洋产业的发展。四是非常重视重大技术攻关,努力在全球竞争中占据一席之地。2014年,中国海洋科研教育管理服务业增加值10455亿元,比上年增长8.1%。由于海洋新兴产业高资源依赖性的特征,中国在发展的过程中也注重超前部署，及早攀越全球产业发展的制高点，以期在未来海洋资源开发、海洋经济发展等战略上抢先一步。如在深海运载、作业和通用技术装备方面，中国先后自主研制或与国外合作研制了工作深度从几十米到 7000 米的多种水下装备。深海热液保真采样器、天然气水合物保真取样器已进行多次成功海试，在一些性能指标上达到国际领先水平。

第二节　发展思路与目标

一　发展思路

以科学发展观为指导，以建设资源节约型、环境友好型社会为目标，以《全国科技兴海规划纲要》《国家海洋事业发展"十二五"规划》为依据，把发展战略性海洋新兴产业作为全面建设小康社会和实现海洋可持续发展的重大战略举措。要以开发海洋高新技术为核心，从注重单项海洋技术的研究开发，向加强以重大战略性产品和推动海洋新兴产业为中心的集成创新转变，在此基础上实现关键技术的突破和集成创新，真正执行"科技兴海"方针，实现海洋产业的合理调整和海洋经济的战略性转移。注重海洋科技向服务海洋开发、统筹经济社会协调发展和国家安全转变，突出科学和技术对经济社会发展的支撑和引领作用。以科技自主创新为重点，发挥海洋产业基础优势，挖掘环境资源优势，打造科技创新优势，争创先行领军优势，逐步推动中国战略性海洋新兴产业技术成果的产业化，阶段性地实现通过强化科技创新和示范试验使中国战略性海洋新兴产业总体上接近世界先进水平，显著提高对海洋经济的科技贡献率的近期目标以及关键技术和装备有重大的突破，国内已成熟的技术实现规模生产和应用，形成具有世界先进水平的技术创新体系，推进海洋经济发展方式转变，促进海洋经济的又好又快发展的中长期目标。

二 发展目标

综合考虑未来海洋新兴产业发展趋势，确定"十三五"时期海洋新兴产业发展的主要目标：

（一）海洋新兴产业经济实力进一步提升

产业发展态势迅猛，规模快速扩大。海洋新兴产业年增长率保持在10%以上。形成以海洋装备制造、海洋生物医药、海水利用、海洋新能源和海洋新材料等为重点的海洋新兴产业发展体系。实现产业规模快速增长，产业集聚效应更加突出，对中国海洋经济和沿海地区经济社会发展的引领和带动作用进一步增强，为国家海洋战略提供重要支撑。海洋新兴产业占海洋生产总值比重由2014年的4%左右提高到6%左右，占主要海洋产业增加值比重提高到10%左右[①]。

（二）海洋新兴产业吸纳就业能力进一步增加

据中国海洋经济统计公报显示，2010年全国涉海人员为3350万，到2014年，涉海人员增加到3554万。在"十二五"期间，中国海洋经济就业吸纳能力并未有效增长，由此可以估计，中国海洋新兴产业的就业吸纳能力还处于非常低的水平，这主要是因为中国海洋新兴产业发展水平与中国海洋经济高素质和创新性人才建设落后有关。"十三五"期间，在大力推动海洋新兴产业发展的同时，还要特别注意利用海洋新兴产业的高速发展吸收中国的高素质人才，使海洋新兴产业成为未来一段时间中国高学历人才的重要就业方向，如在2020年，将海洋医药生物行业的就业人数提升到2万人（据估计，2014年，海洋医药生物行业的就业人数不足1.5万人），海洋工程建筑业的就业人数增长到100万人（据估计，2014年，海洋工程建筑业的就业人数不足75万人）。

（三）海洋新兴产业科技创新能力进一步加强

技术创新体系比较完善，科技创新能力大幅提高。"十三五"时

---

① 将海洋新材料产业纳入海洋新兴产业所计算和预测的结果。

期，建立国家级战略性海洋新兴产业研发中心 20 个左右，形成以需求为导向、企业为主体、政产学研用相结合的产业技术创新体系。一批行业标准成为国际标准，科技成果产业化率明显提高。产业聚集区建设步伐加快，集聚效应明显。加快战略性海洋新兴产业技术创新和示范应用基地建设，结合国家海洋经济试点省的建设，在主要沿海省份建成 30 多个主业突出、特色鲜明、集聚效应明显的战略性海洋新兴产业聚集区，这些产业集聚区加强与国外的交流和合作，不断消化吸收国外的高新技术，并研究和开发出自己的创新产品，发展自己的核心技术。

（四）海洋新兴产业可持续发展能力进一步增强

政策法规体系不断完善，产业发展环境明显提升，通过市场准入和行业规制等措施规范海洋新兴产业企业的开发和生产，在海洋经济发展过程中更加重视日益脆弱的海洋生态环境，减小海洋新兴产业发展对海洋生态环境的负面影响，并通过鼓励发展海洋循环经济发展模式、海洋可再生能源的有效利用，促进海洋生态环境的改善。特别是建立一套完整的政策激励措施推进海洋再生能源的开发和利用，将中国海洋再生能源做大做强。

第三节　重点方向与主要任务

一　海洋工程装备制造业

（一）注重技术创新，加快海洋工程装备制造业转型升级

1. 积极与世界先进国家合作，引进世界先进技术

中国海洋工程装备产业与世界先进国家水平相比存在巨大差距，具体表现为产业发展仍处于幼稚期，经济规模和市场份额小；研发设计和创新能力薄弱，核心技术依赖国外；尚未形成具有较强国际竞争力的专业化制造能力，基本处于产业链的低端；配套能力严重不足，核心设备和系统主要依靠进口；产业体系不健全，相关

服务业发展滞后。加强海洋工程装备产业发展的国际合作，要重点在海洋探测装备、海洋特种船舶、深海底矿产资源开发装备、海洋油气勘探和开发装备等领域展开深入合作，面向美国、日本、法国、德国、加拿大等国家，在设备引进基础上更加注重技术引进和合作，注重引进技术的吸收和再创新，更加注重通用和配套设备领域的合作，尽快建立掌握自主知识产权和核心技术的海洋工程装备技术体系。

具体而言，在与世界先进国家合作中，重点加快发展高强韧、易焊接船舰用纳米相强化钢，深海钻井平台用钢，和厚规格、耐腐蚀、易焊接深海管线钢；大力促进船舰船体用钛和油气资源开发用钛的开发应用；提高以液体成型工艺为代表的低成本制造工艺与技术和海洋涂料技术；引进和研发以先进的热喷涂技术、薄膜技术、激光表面处理技术、冷喷涂技术为代表的先进的表面处理与改进技术；重点开展海洋装备用钢、钛材、镁合金等海洋有色金属材料研发生产，突破海洋防腐涂料、海洋平台电解防污产品等高新技术。

2. 提高自主创新水平，打造共性技术研发平台

目前，国内许多海工企业都设立了研发机构，但企业间产品竞争领域重叠，主要集中在浅水和低端深水装备领域竞争。为突破海工装备领域的关键共性技术，早日向高端、新型装备设计建造领域迈进，建议尝试将各个研发机构的优势整合，积极打造共性技术研发平台，尽快形成研发"合力"。可以由国家发展和改革委员会、工业和信息化部等部委牵头，以国家重点海工企业为投资主体，政府给予必要的财政和金融支持，设立公司制的技术中心。技术中心为自负盈亏模式，主要从事共性、专有和产品技术的研究开发和推广，技术中心的骨干员工大多数来自海工企业的研发机构。在运作机制上，一方面，由各股东单位提出共性技术研究项目，经董事会讨论通过，制订研究计划，由技术中心组织研究，吸引高校、科研院所、国家重点实验室、国家工程（技术）研究中心参与，项目资金由各股东单位按比

例分摊;另一方面,政府支持技术中心承担国家研究开发任务,并提供专项基金支持,其成果在海工企业联盟内部无偿共享,并可对联盟外企业有偿转让。

3. 政策扶持与项目牵引并重,提升海工装备本土创新能力

政府及相关部门应逐步建立和完善相应的扶持政策和激励机制,鼓励海工装备制造企业以海工重大项目为纽带,积极采用国内配套设备,并对采用国内海工配套设备的项目给予一定的奖励,以此引导和支持海工配套企业走创新之路。在制定发展规划时,要确立分期发展目标,落实具体项目,逐渐培育出具有海工装备配套设备总承包能力的企业。考虑到中国海工装备的发展现状,为提升海工装备配套设备制造能力,可以选取合适的工程项目,以总装为切入点,注重在建造过程中尽量选择合格的国内产品,逐步过渡到模块、系统总成的设计建造,最终进入到核心装备领域。因此,通过项目牵引和联合,可以使海工配套设备生产企业通过项目搭建起平台,充分了解海工装备制造企业和用户的实际需求,有针对性地研制出更具实用性的产品,从而增强设备与系统的市场竞争力。

特别需要重点注意的是,2015 年 7 月,国家发改委发布了《关于实施新兴产业重大工程包的通知》,其中海洋工程装备工程是六大工程包中的一个主要工程。该工程指出,在 2015—2017 年要重点突破深水半潜式钻井平台和生产平台、浮式液化天然气生产储卸装置和存储再气化装置、深水钻井船、深水大型铺管船、深水勘察船、极地科考破冰船、大型半潜运输船、多缆物探船等海洋工程装备及其相关配套系统和设备的设计制造技术,并通过海上试验和实际应用,发挥示范带动作用,促进创新成果向工程化和产业化的转化能力。这是海洋工程装备发展的一个重大战略机遇,也体现了政府扶持和项目牵引并重的战略思想。

(二)积极开拓海外市场,推进海洋工程装备制造业走出去

在经济全球化趋势下,任何一个国家任何一个产业的发展都不可

能只局限于国内市场。2013 年，习近平总书记提出"一带一路"的发展倡议，以国外需求助推国内制造业的发展。2015 年 6 月，李克强总理提出推动国际产能和装备制造合作，是新阶段下以开放促进发展的必由之路。因此，在中国当前的经济发展阶段中，积极开拓海外市场，推进海洋工程装备制造业走出去具有重要时代意义。

事实上，中国海洋工程装备制造业走出去具有极大的发展空间。"一带一路"沿线 53 个国家、94 个城市，既包含印度、印度尼西亚和菲律宾等沿海国家，也包含荷兰阿姆斯特丹等重要的港口城市。从全世界范围来看，这些国家和城市的海洋工程装备制造业的发展处于落后状态，它们要发展海洋经济必须购买大量的海洋工程装备，大量进口海洋工程装备产品。更为重要的是，尽管中国的海洋工程装备与世界先进国家还存在一定差距，但经过近些年的发展，中国也取得了长远的进步。目前，中国在海洋工程装备制造领域已经具备了一定的技术基础和较强的建造能力，产品开发由低端近海开始向高端深海逐渐突破。特别是，近几年来，中国先后自主设计建造了国内水深最大的近海导管架固定式平台，国内最大、设计最先进的 30 吨浮式生产储油轮装置 FPSO，当代先进自升式钻井平台，具有国际先进水平的 3000 米深水半潜式平台等一批先进的海洋工程装备，中国海洋工程装备产业的国际竞争力显著提高。因此，中国海洋工程装备制造业可以在"一带一路"发展中积极开拓海外市场，利用自己的竞争优势进一步发展壮大自己。

（三）把握长江经济带发展机遇，大力发展海洋工程装备制造业

2014 年，国务院发布了《国务院关于依托黄金水道推动长江经济带发展的指导意见》，在"十三五"期间，国家将重点实施长江经济带发展战略。长江经济带的战略发展将给中国海洋工程装备制造业带来重要发展机遇。首先，长江流域的经济发展将不可避免带来对船舶工程装备的需求，这会刺激海洋工程装备的发展，并进而提升海洋工程装备的制造能力。长江流域经济发展会推动沿江旅游

业的发展，比如长江游轮业的发展，除此之外，长江经济带的发展会带来长江沿线省市货运量量级的扩增，这会带来对货轮的需求。因此长江经济带的发展会带动对水上工程装备制造业相关装备产品的需求，进而促进海洋工程装备制造业的发展。其次，长江经济带覆盖中国 11 个省市，既包括上海、江苏和浙江等东部沿海省市，也包括中西部地区经济发展相对落后的一些省市。在战略视角下，长江经济带会成为东中西互动合作的协调发展带，两地之间的经济交流会大量增加，东部沿海地区的海洋工程装备企业可以向长江中上游搬迁以使用更便宜的人力成本和土地成本，而长江航运的发展又能降低工程装备产品沿长江向下游运输的成本。由此可见，长江流域各省市的协同发展会降低中国海洋工程装备企业的成本，增加这些企业的海外市场竞争能力。

综上所述，在长江经济带发展战略背景下，海洋工程装备制造业的发展需要瞄准两个方向：其一，重视长江内河航运对工程装备产品，特别是船舶产品的需求；其二，在长江经济带沿江省市产业转移背景下，海洋工程装备制造业企业要谋划向内地转移合作的发展战略。

二 海洋生物医药产业

（一）建设完善国内国外两个平台，提高海洋生物医药研发能力

1. 国内平台：海洋生物医药产业技术创新战略联盟

海洋生物医药产业技术创新战略联盟可以通过整合科技资源和行业发展要素，让生物制药企业真正参与到海洋药物的研发环节，从而让联盟内的企业、高校、科研院所或其他组织机构形成分工有序、互动发展的良好局面。因此，为了推动海洋药物研究成果的产业化进程，发挥制药企业在海洋生物医药基础研究方面的作用，组建海洋生物医药产业技术创新战略联盟势在必行。从全国范围看，目前中国只有一家海洋生物医药产业技术创新战略联盟，即由北京雷力（集团）

公司牵头，联合北京大学天然药物及仿生药物国家重点实验室、北京师范大学资源学院、中国农业大学农学与生物技术学院、浙江工业大学药学院、北京银行股份有限公司、兴边富民基金、北京中关村科技担保有限公司、浙江宁波海浦生物科技、辽宁柏德生化药业等共同组建的"新型海洋生物制品产业技术创新战略联盟"。该联盟重点研发海洋医药新材料和海洋功能食品新成分、海洋生物农药和植物抗逆增产剂等新型海洋生物制品，涉及海洋药物类研发比较少。

为此，需要在已具备产业规模与技术研发优势的城市，如青岛、上海、广州等地组建相应的海洋生物医药产业技术创新战略联盟，以弥补药物研发环节的"短板"。例如，以建设蓝色硅谷产业孵化带为契机，青岛市可以尝试组建由青岛国风药业、兰太药业、青岛国大生物制药、中国海洋大学、国家海洋局一所、中科院海洋研究所、青岛科技大学和相关金融机构参与的海洋生物医药产业技术创新战略联盟。通过联盟组建和运营，有效整合青岛市在海洋科学特别是海洋生物研究领域的智力资源与研发优势，以具有自主知识产权的创新性技术研发为基础，合作内容涵盖靶向识别、靶向确认、先导化合物发现及优化、临床试验等药物研究和开发全过程，力争建立起自主研发与合作开发并存、原创技术与集成技术并举、技术要素与金融资本有机结合的创新模式。

2. 国外平台：国际领域研发合作平台

海洋生物医药业是近年来发展很快且潜力巨大的海洋新兴产业门类，美、日以及欧洲多国纷纷推出促进海洋生物药物开发的国家计划，加快海洋药物研发进程，全球制药和生物技术公司也加入到海洋药物研发的行列。当前，世界海洋药物开发的重点主要是海洋抗癌药物、海洋心脑血管药物、海洋抗菌抗病毒药物、海洋消化系统药物、海洋泌尿系统药物、海洋免疫调节作用药物等领域。中国海洋生物医药研发起步较晚，尚处于分散式、自发式、低水平发展阶段，高技术含量的产品不多，产业模式不合理，专业人才资源比较匮乏。加强与国外先进国家的全面合作，建立国际领域研发合作平台是推动中国海洋生物医药产业快速发展的重要途径。一是要加强与日、美、欧等国家和地区的科研机构和研究人员在海洋生物活性先导化合物研究等海洋药物基础研究领域的科研合作，缩小中国在海洋药物基础研究领域与先进国家的差距；二是要引导国内企业适应海洋生物医药业全球化发展趋势，积极参与多地区、多部门分工与合作的海洋生物医药研发与生产；三是要加强国际领域合作，在现有产业发展的基础上，构建具有自主知识产权、国际竞争主动权的海洋生物医药和功能食品研发产业化技术创新体系，建立以中医药理论为指导、国际认可的完善的现代海洋中药研发与产业化配套技术体系，形成具有中国特色、国际竞争力的海洋生物医药和功能食品的产品体系及产业集群。

（二）充分发挥政府作用，开拓多元化投融资渠道

目前，药物研发环节是政府资金在海洋生物医药发展领域的主要投向，也是政府资金最能产生实际效果的环节。究其原因在于中国生物技术企业规模普遍偏小，短期内不可能成为海洋生物医药产业的研发主体。在今后相当长一段时期内，中国都将维持以高校和科研院所为主体的海洋生物医药产业研发体系，现有的体制决定了药物研发资金主要依赖于政府支持。有鉴于此，今后一个时期，各级政府一方面要继续加大对海洋生物医药研发的投入力度；另一方面要改变传统的资金平均分配方式，提高支持对象的集中度，形成有利于核心技术、产品创造的政府投入机制，加快培育有国际影响力的核心产品。同时，要注意财政支持向产业化环节延伸，支持和资助建立研究开发中心、专业研究平台和中试基地，推动生物技术的成果转化和产业化。此外，各级政府应安排一部分产业诱导资金，通过一定的形式引导银行贷款、风险投资等社会资本进入海洋生物医药产业，总的原则是：以政府较高的公信力为支点，以小资金撬动大资本，整合社会资本大量进入海洋生物医药产业。

（三）顺应人口老龄化趋势，以老年人保健药物产品和食品需求为重点方向发展海洋生物医药产业

中国开始加速进入老龄化社会，截至 2013 年，中国的老年抚养比达到 13.1%，创历史新高。有学者估计，预计在未来的半个世纪里，中国的老龄化问题将更为严重，预计在 2035 年，中国老年抚养比将上升到 30.69%，到 2070 年将大幅上升到 54.3%。① 事实上，除了中国，全世界包括日本等发达国家在内的很多国家都出现了不同程度的人口老龄化趋势。因此，在"十三五"期间，海洋生物医药产业要在中国老龄化的严峻形势下，抓住迅速发展起来的老年人口对保健医药产品和海洋食品的需求，研发和生产针对老年人的海洋保健医药产品和食品，形成海洋生物医药产业新亮点。事实上，有很多海洋生物医药企业已经开始研发取材于海洋的老年人保健医药产品。例如，湛江通灵医学生物工程公司依托湛江海洋资源优势研发了一款老年人保健品——鹿骨瓜籽胶囊，该产品对预防中老年人骨质疏松、骨痛、骨折卓有成效，自上市以来，产品已经覆盖整个华南地区，预计在未来几年里，年销售目标将达到 3 亿元以上。

综上所述，顺应人口老龄化趋势将成为未来几十年里海洋生物医药产业发展的主要攻坚方向。具体而言，可以采取这几方面的措施：一是加强人才培养，以满足海洋生物医药产业老年人保健医药产品研发的需要。首先要招才引智，构建骨干研究人才队伍，引进在此领域已经具有相关研发经验的人才；其次要发挥高校和科研机构对老年人保健医药产品研发人才培养的作用。二是建设特色的养老医疗服务体系，在沿海城市打造老年人救身养心的休闲居住天堂，以这些休闲居住场所为依托推广针对老年人的海洋生物医药的使用。三是政府和企业加大资金研发投入力度。考虑到生物医药产业研发的周期较长，风险较大，并且现阶段老年人对海洋保健医药产品和食品的需求也不够

---

① 陈彦斌、郭豫媚、姚一旻：《人口老龄化对中国高储蓄的影响》，《金融研究》2014年第 1 期。

旺盛,但一定要前瞻性地看到,随着老年人口比例的提高和人民收入水平的增加,这一需求将会呈几何式地增长,现阶段的研发投入将会收到成效。

三 海水利用业

(一)不断提升技术和设备,降低海水淡化成本

1. 与世界先进国家合作,引进前沿技术和设备

在世界海水淡化设备设计制造领域,以法国威立雅集团、意大利费赛亚公司及美国通用公司等为代表的欧美公司占有市场主导地位。中国海水综合利用起步较早,但发展慢、规模小、市场竞争力不强。海水淡化是在海水综合利用产业发展中加快国际合作的最重要领域,要把合作目标瞄准美国、日本和中东地区的以色列、阿联酋等海水淡化发展领先国家,因地制宜开展技术合作和项目合作,选择适合中国实际情况的海水淡化技术,积极发展海水热电联产,以及以膜法为主的海水淡化技术;还要重点在海水淡化设备技术上进行引进吸收和合作研发,提高中国先进大型海水淡水设备的研发和生产能力,形成淡化技术装备产业,降低中国海水淡化成本,壮大中国海水淡化项目规模。

2. 推广水电联产模式,积极寻找替代能源,最大化延伸产业链

首先,水电联产主要是指海水淡化和电力联产联供。海水淡化成本在很大程度上取决于消耗电力和蒸汽的成本,水电联产可以利用电厂的蒸汽和电力为海水淡化装置提供动力,不仅可以实现能源高效利用,也可以有效降低海水淡化成本。具体讲,采用水电联产可利用发电机组的低品位蒸汽,节约蒸馏法淡化蒸汽费用,对于反渗透淡化,可利用电厂冷却用温排水(或蒸馏淡化系统冷却水)作为原料海水,降低系统能耗,尤其是在北方气温较低的沿海地区节能效果更为明显。同时,淡化系统可以和电厂共用取水、排水系统,节省投资和占地;优质淡化水还可降低电厂锅炉补水的水处理费用。

其次，将海水淡化与制盐和化学元素提取结合起来，延长海水利用产业链。对于日产20万立方米淡水的海水淡化装置，按每立方米海水的出水率为0.5立方米计算，每天消耗海水40万立方米，一年将产生的无机盐总量约为400万吨，其中含氯化钠315万吨、氯化镁39万吨、硫酸镁23万吨、硫酸钙16万吨、氯化钾7万吨，如果能充分利用这些盐化工资源，将有效降低海水淡化和盐化工产业生产成本。鉴于此，海水淡化工艺可与制盐或盐化工工艺衔接使用，采用循环经济模式，实现浓盐水的综合利用，有效避免环境污染，降低对生态环境的负面影响。中国天津北疆电厂项目、曹妃甸北控阿科凌海水淡化项目、首钢京唐钢铁厂海水淡化项目等都将海水冷却、淡化、制盐、化学产品提取紧密结合起来，积极打造"海水冷却发电—海水淡化—浓盐水综合利用"的循环经济体系。

（二）构建产业技术创新战略联盟，打造多个海水利用产业基地

国内现有海水淡化设备的制造分散在各行各业，尚未形成专业化的海水利用设备制造业，这就使得海水利用技术装备制造难以形成规模效应。同时，由于科研与生产脱节，国内的相关应用技术开发与装备制造水平提高较慢，低水平重复建设严重。一些国内生产的重点海水利用产品组件质量和国际同类产品相比还存在很大差距，不但使用寿命短，而且使用效率有待进一步提高。产业技术创新战略联盟是指企业、大学、科研机构或其他组织机构，以企业的发展需求和各方的共同利益为基础，以提升产业技术创新能力为目标，以具有法律约束力的契约为保障，形成联合开发、优势互补、利益共享、风险共担的技术创新合作组织。2012年，由北控集团公司、首都钢铁集团公司、北京赛诺水务科技公司、清华北控环境产业研究院、北京市政工程设计研究院、北京碧水源股份有限公司等13家单位共同发起的中关村新能源海水淡化产业技术创新联盟成立。与传统的产学研合作模式相比，联盟的组织方式存在着明显的差异。

在海水利用业初创阶段，联盟的组建能更好地涉及产业发展共性

技术、关键技术和前瞻性技术的研究开发，合作内容涵盖了从技术研发、装备制造、销售到信息反馈等技术创新全过程。这种合作是对联盟内部创新资源的高效配置和增值服务，是一种双赢甚至多赢的选择，有利于海水利用业中的优势力量形成"强强联合"，最大化延伸与拓展海水利用的产业链，降低淡水生产成本，减轻对生态环境的负面影响。为此，要以海水利用企业为主体，以市场为导向，整合凝聚国内优秀的企业、高校、科研机构等，尝试在国内组建多个产学研相结合的膜法与热法海水淡化产业技术创新战略联盟，为海水利用领域的技术创新和企业发展搭建良好的平台，以推动海水利用业的快速发展。

（三）沿海地区加强与内陆地区合作，以海水淡化解决好城镇化带来的缺水问题

经过几十年的城镇化建设，中国城镇化已经取得了重大进步，2011年，中国城市人口比例首次突破50%大关，但仍与发达国家存在很大差距，包括美国、日本和韩国在内的发达国家的城市化率均在80%以上。由此可见，中国的城镇化建设还远未完成。但中国在工业化和城镇化快速推进的过程之中，环境危机一直持续，尤其是随着城镇人口的聚集、工业的扩张，供水与水处理压力将越来越大，水污染以及城镇缺水问题，已经成为未来中国发展的一个瓶颈。随着城镇化的不断开展，未来一段时间中国内陆地区城镇的缺水问题将更为严重。随着海水淡化和交通运输成本的双重下降，以海水淡化解决城镇化带来的缺水问题将不再是奢望。

具体而言，对于沿海城市海水淡化企业，可以采取这几方面的措施：一是争取国家税收优惠和补贴，让国家在海水淡化用水向内陆输送进程中发挥中间协调作用。二是加强与内陆地区政府合作，签订长期合同，建立海水淡化供水长效机制。三是仿照南水北调工程，实施海水淡化用水进内地工程，补充南水北调工程的不足，缓解南水北调工程给自然环境带来的危害。南水北调工程，是旨在缓解中国华北和

西北地区水资源短缺的国家战略性工程，但其在合理配置水资源的同时，也破坏了水循环的自然平衡，对生态环境具有负面影响。随着中国城镇化建设的不断深入，中国华北和西北地区的缺水问题将更为严重，大量水资源的南水北调有可能给水循环自然平衡和生态环境带来更大的破坏，因此通过海水淡化用水引进内陆来缓解这一生态破坏性就显得非常必要。

四 海洋可再生能源产业

（一）发挥众包模式的集思广益优势，解决海洋可再生能源技术研发的跨学科交流要求

海洋能的开发利用属于一项高新技术，将海洋能转化为对人们有用的电能或其他能，需要各个行业技术的配合，涉及机械、材料、土木工程、发电供电等多个学科。单独一个学科的研究无法支撑海洋可再生能源的创新研发。海洋能开发的这种跨学科特点决定了传统单学科的科研组织架构不适合海洋可再生能源的研究和开发。

为解决海洋能开发的跨学科需要，一般的做法是在传统海洋可再生能源科研机构的基础上招纳其他相关学科的技术人才，或者高薪聘用具有多学科背景的混合型人才。例如，为了满足海洋能产业化发展的需求，英国"SuperGen Marine"项目的研究领域涵盖了海洋能利用的各个方面。该项目由爱丁堡大学、斯莱斯克莱德大学、赫瑞瓦特大学、罗伯特戈登大学和兰开斯特大学等多所院校联合参与，充分利用了它们在海洋科学不同分支学科上的研究优势。事实上，这种做法为英国的海洋可再生能源产业发展发挥了巨大作用，但仍然存在一些缺点。首先，这种通过招录其他学科人才扩大组织边界的方法，不能实现学科人才的最大化利用。尽管海洋可再生能源的研究和开发需要多学科交流，但这种研究终有主次学科之分，比如发电供电可能是海洋可再生能源研发的主要学科，而相比之下，材料可能就是次要学科。在海洋可再生能源研发团队里，主要还是研究发电供电，而材料专业

的研究相对较少，仅仅是研究产业链的一个重要环节，为了这样一个环节，就固定一个人才，会造成一定程度的浪费。其次，多学科背景的混合型人才少之又少，即使有但聘用的成本太高，会给海洋可再生能源的研发带来很多额外成本。最后，更为重要的是，海洋可再生能源的研发是一个非常狭小的领域，所利用到的一些次要学科的知识可能是该学科中学者关注并不多的地方，这样招录到的学科人才可能并不能胜任这样的工作，还是不能解决学科互补的问题。

针对上述问题，随着互联网发展，最新出现的一种新的商业模式——众包，就可以解决以上问题。众包指的是一个公司或机构把过去由员工执行的工作任务，以自由自愿的形式外包给非特定的大众网络平台，而大众网络平台再通过开源的方式安排或推荐给最有能力完成或生产服务成本最小的个体或企业。众包可以通过集思广益的方式加强学科间的交流，生产出来的产品或提供的服务可以解决海洋可再生能源研发对跨学科交流的要求。除此之外，更为重要的是，众包以互联网为媒介，充分利用其他学科技术人员的闲散时间进行技术交流，能够最大化降低研发成本。

（二）注重政策引导，扶持海洋可再生能源开发

一方面，明确全国海洋可再生能源开发的空间布局及重点开发领域，为海洋可再生能源资源的保护与海洋可再生能源开发提供基础保障，有效地减少海洋可再生能源利用与其他海洋开发和海洋环境保护之间的冲突；另一方面，调整现有的沿海及海上风电开发审批管理体制和海洋可再生能源研发与产业化发展体制，赋予海洋可再生能源利用研发与生产企业充分的开发自主权，简化审批手续和认证过程，为海洋可再生能源开发创造一个适宜的行政管理环境。除此之外，要加快一系列鼓励性政策措施的出台实施，加大对海洋可再生能源发展的扶持力度，营造良好的发展环境。具体而言，应重点从以下两方面强化政策支持。

第一，研发支持政策。一方面加大海洋可再生能源开发利用专项

资金投入力度，以资金和稳定的研发团队作保障，根据国情和海情，锁定海洋可再生能源开发利用的重点和关键技术研究领域，实现技术突破；另一方面以市场为导向，构建政府和产学研相结合的创新机制，打造海洋可再生能源开发利用技术创新平台。

第二，市场开发政策。一方面对海洋可再生能源开发利用项目中所涉及的进口设备给予零关税的税收优惠政策，海洋可再生能源设备出口企业应享受国家高新技术企业的优惠待遇；另一方面借鉴国外能源政策，例如，英国对海上风电项目以投资成本的 40% 为上限，提供资本补贴；荷兰对可再生能源发电的非盈利区间（生产成本与市场预期价格间的差值）进行补贴，参照中国陆上风电和太阳能发电电价补贴政策，依据中国海洋电力业发展现状，在原有可再生能源电价补贴的基础之上，进一步提升电价补贴额度。

（三）在沿海地区率先开展海洋可再生能源交易服务区域试点，引领能源互联网建设

著名经济学家杰里米·里夫金在其著作《第三次工业革命》中强调了可再生能源在未来世界的重要性，并预言了分散式可再生能源的发展趋势。越来越多的国家将开发可再生能源作为国家的重要战略计划，中国也不例外，2015 年 7 月，国务院发布《关于积极推进"互联网 +"行动的指导意见》，提出了"互联网 + 智慧能源"的路线图。国务院要求建设分布式能源网络。建设以太阳能、风能等可再生能源为主体的多能源协调互补的能源互联网。

发展可再生能源的一个重要的制约因素是顽固的电价机制。因此国务院要求开展绿色电力交易服务区域试点，推进以智能电网为配送平台，以电子商务为交易平台，融合储能设施、物联网、智能用电设施等硬件以及碳交易、互联网金融等衍生服务为一体的绿色能源网络发展，实现绿色电力的点到点交易及实时配送和补贴结算。

作为能源互联网建设的重要部分，海洋可再生能源产业的发展可以为能源互联网的建设推波助澜。沿海地区可以率先开展海洋可再生

能源交易服务区域试点，引领中国能源互联网的建设。事实上，在沿海地区率先开展海洋可再生能源交易服务区域试点也具有其便利性。沿海地区经济发展水平较高，居民教育水平较高，并且各种电力设施和设备比较齐全，利于海洋可再生能源交易服务的推广。沿海地区的海洋可再生能源交易服务的成功推广，不仅能大大提高海洋可再生能源的需求，带动海洋可再生能源的发展，还能引领能源互联网在全国的建设，进而更大范围地提高可再生能源在全国的需求，带动海洋可再生能源产业的集聚发展。

五 海洋新材料产业

（一）产研结合，推动海洋新材料的应用和发展

海洋新材料产业是指利用海洋天然材料作为原材料以解决其他产业和产品的材料需求问题。因此，要发展海洋新材料必须解决两个方面的问题：其一是对海洋天然材料进行研究和开发，合成或制作成具有特殊功能的新材料；其二是将这种新材料推广用在产品生产上，并进行大规模生产。因此，在海洋新材料的发展过程中，产（应用）和研（研究）都是非常重要的，缺一不可，这就要求我们在推进海洋新材料产业发展的过程中，既要注重企业在推广商业应用和大规模生产中的作用，也要强调包括高校在内的研究机构对新材料合成和制作的研发，并需要政府联合和协调这两者，将产研结合起来，解决好需求和供给的问题，促进海洋新材料的发展。以青岛为例，东岚高科（青岛）有限公司与齐鲁工业大学联合研发基地在红岛经济区举行了揭牌仪式。联合研发基地成立后，双方将展开科技攻关、人才培养和产学研合作，推动海洋天然材料为原料的造纸技术的应用和发展。在此之前，东岚高科公司与齐鲁工业大学一直保持着战略合作，其中共同研发的海洋新材料特种纸于 2014 年 12 月份获得成功，实现了耐溶解、高强度的目标，该特种纸在染色、湿变形率、强度、平滑度等指标方面，可以根据市场客户的不同需求调节配方。此次战略合作会重

点解决好海洋新材料特种纸的需求问题，进而扩大生产规模、提高科技水平、增加产品附加值。

（二）打造多家以海洋新材料产业为特色的高新技术产业化基地

国家高新技术产业化基地建设是国家"技术创新引导工程"重点建设内容之一，旨在依托产业化基地，促进人才、基地、项目协调发展，推动知识、技术、人才、资金、政策等要素聚集，加速高新技术成果产业化，促进地方优势特色高新技术产业加快发展，增强区域经济核心竞争力。一个产业的发展壮大需要该产业的各种生产要素在某个区域的集聚和融合，并通过政府和市场的力量做好知识、技术、人才、资金、政策等要素的协调和融合。打造多家以海洋新材料产业为特色的高新技术产业化基地能够在一些适合海洋新材料产业发展的区域迅速汇集和融合各种生产要素，特别是加速人才和资金的聚集，并通过规模效应形成巨大的产业需求，使海洋新材料产业不断延伸和扩展，增强区域在海洋新材料方面的核心竞争力，进而推进海洋新材料的发展和壮大。如2014年青岛西海岸新区被国家科技部批准为"国家海洋新材料高新技术产业化基地"，这是国内首家以海洋新材料产业为特色的高新技术产业化基地。目前，基地内有三大企业集群：以明月海藻—聚大洋为核心的新型海洋生物医用材料集聚区、以科海生物为核心的新型海洋环保材料集聚区、以三泰（中国）膜工业—华海环保—海克斯波聚合材料为核心的新型海洋防护材料与海水综合利用材料集聚区。同时，基地内拥有120余项海洋新材料专利，有1个国家实验室、2个国家工程技术研究中心、4个国家级企业技术中心及23个省部级重点实验室，形成了从孵化培育到产业化的海洋高技术创新载体体系。今后该基地将立足青岛西海岸新区的区位优势、政策优势、人才优势、产业优势，以三大海洋新材料企业集群为核心，逐步形成大中小企业联合、上中下游产业配套的海洋新材料产业基地和集群，有序推动产业集聚和产业结构优化升级，建成具备国际竞争优势的海洋新材料创新中心、先进制造中心、产业服务中心与人才培育中心。

第四节 保障措施

一 大力推进科技发展和加强人才培养

第一，推动海洋科技体制机制创新，建立符合海洋新兴产业发展规律的海洋高新技术创新体系。以《国家"十二五"海洋科学和技术发展规划纲要》为指导，深入实施科技兴海发展战略，增强海洋技术自主创新能力，推动海洋科技体制机制创新，建立符合海洋新兴产业发展规律的海洋高新技术创新体系。首先，要采取有效的政策措施，增加科技投入，鼓励和扶持有条件的企业增强自身科技开发的能力，特别要加强对科技型中小企业的扶持力度；其次，要对现有的科技开发型的涉海科研院所进行体制改革，同时鼓励高校、科研院所通过技术入股等形式参与企业改革、改组和技术改造及发展海洋新兴产业，对产学研结合过程中签订的人才引进、共建产业基地和产业化项目给予政策和资金方面的引导和扶持，建立面向地方海洋新兴产业发展的海洋科学研究中心和海洋高新技术工程中心；最后，积极推进涉海企业与区域内外科研院所和高等院校实行以产权为纽带的紧密型产学研结合，形成以企业为主体、以高校和科研院所科技力量为依托、以现代企业制度为规范的"三位一体"的新型产学研结合模式。

第二，积极培育海洋高新技术市场，建立健全海洋科技服务体系，推进海洋科技产业化平台和研发基地建设。一是通过健全和完善海洋高新技术市场管理政策，建立完善技术经纪人制度，加快面向企业的海洋高新技术市场科技信息网络建设，积极培育和发展海洋高新技术市场，推动实现海洋科技经济一体化，加快海洋科技成果转化。二是以海洋科技与经济紧密结合为目标，构建多层次、多功能的海洋科技服务体系。积极发展和引进各类科技中介服务机构，加快中介服务体系建设，在资产评估、产权交易、技术转让、专利代理、信息咨询、人才培训等方面提供全方位、高效率的优质服务，推动海洋创新成果在更大范围、更深层次的流动和转化。三是在国内具有海洋科研优势的地区和城市建设海洋科技产业化平台和研发基地，主要包括海洋高新技术发展及成果转化基地、海洋新兴产业示范基地、海洋科教综合基地和海洋新兴产业信息交流中心，推动海洋高新技术成果转化。

第三，加强海洋高新技术人才和实用型人才培养和引进的软硬环境建设，建立面向海洋新兴产业发展需求的海洋人才队伍。一是创新培养、吸引、使用海洋人才的模式，在海洋新兴产业发展的核心技术和关键领域，以重大海洋科研项目、产业建设项目和工程为依托，以海洋科技产业化平台和研发基地、企业海洋高新技术工程中心等机构为载体，在深海油气资源开发装备、海洋极端环境生物资源利用、波浪能和潮汐能利用等产业技术领域凝聚形成具有自主创新能力、掌握核心技术的科技领军人才和一批高级技术研发人员、企业技术专家，形成海洋新兴产业科技人才群体，对产业前沿性和关键性技术进行重点突破；二是大力发展培育海洋新兴产业技能型人才的海洋职业技术教育，建立面向海洋新兴产业发展实际需要的海洋高技能人才培养体系，推进海洋高新技术企业职工培训，造就一大批产业技术工人；三是积极培育和吸引优秀涉海企业家和海洋高新技术企业职业经理人，创造条件提升海洋高新技术企业管理者的战略决策能力、经营管理能力、市场竞争能力和企业创新能力。

二 加强财政支持，创新投融资机制

第一，设立海洋新兴产业发展专项基金，建立起政府财政支持海洋新兴产业发展的稳定增长机制。部分海洋新兴产业项目投资大、资金回报周期长。另外，部分海洋新兴产业还具有公益属性。因此，必须增加中央和地方财政资金对海洋新兴产业发展重点领域的支持力度，充分发挥财政资金的引导作用。要基于不同海洋新兴产业的发展基础与发展需求，设立规模各异的产业发展专项基金、创业投资引导基金与研发专项基金，进一步创新财政支持产业发展的方式方法，着力支持海洋新兴产业重大关键技术研发、重大产业创新发展工程、重大创新成果产业化和重大应用示范工程。

第二，创新海洋新兴产业发展投融资机制，建立健全金融支持产业发展的政策体系。一是培育多元化的海洋新兴产业投资主体，积极稳妥地引导和培育风险投资，加快建设多层次的风险投资市场，建立高技术产业风险投资基金，鼓励民间资本和境外资本进入，拓宽资金来源渠道。二是出台相关政策促进海洋高新技术企业直接上市融资，特别要大力支持科技型海洋中小企业在创业板上市融资，解决中小企业投融资难题。三是建立健全金融支持政策体系，在海洋新兴产业聚集区域建设海洋高科技企业和区域金融服务机构战略合作平台，建立起两者之间紧密的利益共同体，在有条件的地区建立起面向海洋经济发展的政策性地方金融机构，创新金融服务方式，努力降低产业发展的信贷成本。四是兼顾招商引资和民间资本的扶助。在海洋新兴产业有些领域可以不同程度地放开资本管制，通过招商引资和吸收民间资本的方式筹集资本发展这些新兴产业，还可以产生资本竞争机制，运用鲇鱼效应，倒逼国有资本发展海洋新兴产业并提高资金利用效率。

三 加强海洋基础设施建设，构建海洋新兴产业公共服务保障体系

第一，加快海洋基础设施建设，完善海洋新兴产业发展的基础设施支撑体系，使海洋基础设施与海洋新兴产业的快速发展相适应。一是加快与海洋工程装备制造、深海油气开发、海水健康养殖等产业发展密切相关的电力设施、沿海铁路公路和港口码头建设；二是加快与深海油气开发产业密切相关的沿海战略石油储备基地、深海油气勘探船舶建设；三是加快与海洋生物医药业发展密切相关的海洋资源调查船与深海生物资源探测采集设备研发与建设；四是加快海洋电力业发展所需的电网基础设施建设。在关系整个海洋经济发展的海洋公共基

础设施建设过程中，政府要发挥主导作用，加大财政投入。在关系某个海洋新兴产业发展的基础设施建设过程中，要更多地发挥市场的作用，按照"谁投资，谁受益"原则，吸引更多类型的资本进入。

第二，加强海洋公共服务供给，构建海洋新兴产业发展的公共服务保障体系。一是加快建设"数字海洋"，加强海洋资源环境调查和监测体系建设，通过卫星、遥感飞机、海上探测船、海底传感器等进行综合性、实时性、持续性的数据采集，把海洋物理、化学、生物、地质等基础信息装进一个"超级计算系统"，同时构建海洋信息传输网络，开发服务海洋经济发展的海洋信息产品，为海洋新兴产业发展提供全面及时的信息服务；二是尽快完善中国的海洋灾害应急体系，提高对沿海风暴潮、赤潮、海冰和海上溢油等灾害的处置能力，为海水健康养殖、深海油气开发、海洋可再生能源开发提供有效的安全保障；三是加强中国海洋执法队伍建设，加强以海监为主体的海洋执法力量建设，有效维护中国海洋权益，为中国在南海的深海油气开发提供有效的执法保障。

四　建立标准体系和市场准入制度

第一，加快建立有利于海洋新兴产业发展的行业标准和重要产品技术标准体系。推进海洋高新技术专利化、专利标准化，促进行业与产品标准和科研开发、设计制造相结合，建立完善以技术标准为主体的企业标准化体系、运行机制和信息服务平台，实施重点领域、重点产品国家标准化战略，重点支持中国海洋新兴产业中优势产业和新兴产业的优势技术转化成为国际标准，提升企业参与国际市场竞争的能力。

第二，建立适应海洋新兴产业发展的市场准入制度。中央和沿海地方政府要优化和规范市场准入的审批管理程序，完善市场准入制度，为社会资本进入海洋新兴产业创造良好的软环境，吸引持续性的资本进入；科学制定地区性海洋新兴产业发展指导目录，因地制宜选择适合本地区发展的海洋新兴产业，尽量避免出现区域产业同质化和产能过剩的现象。

五 构建完善的法律法规体系，适应海洋新兴产业快速发展需要

面对日益复杂的国际海洋形势，为了适应海洋经济快速发展的趋势，必须加快构建法律保障体系。为此，要全面落实国家关于海洋经济与科技发展的一系列法律法规，确保现有法律法规的充分有效实施。更为重要的是，针对目前中国海洋经济法律体系中一些专门性法律和综合性管理法规缺失的问题以及一些行业、部门、地区之间争夺海域资源加剧的趋势，加快海洋经济法律法规建设，尽快形成层次分明、效力相互补充的海洋经济法律制度体系对于促进与保障中国海洋新兴产业发展意义重大。首先，建立海洋经济区域性法律，从国家经济整体发展角度对海域资源进行规划、开发和管理，尽快制定涉及全局的海岛开发管理法、涉及重点海域以及重要海峡、海湾的管理法规。其次，建立健全海洋经济专项法律制度，围绕海洋资源的开发利用，如海洋生物资源开发、海水资源利用等当前海洋经济活动中的热点推进相关专项法律制度的建立和完善。最后，建立完善地方性海洋经济法律法规，临海县级以上地方政府可以根据国家海洋战略和法律，结合各地实际制定相关配套规章，加强地方海洋开发管理法律建设及其贯彻落实。

六 重视海洋生态环境保护，建设绿色海洋新兴产业

第一，鼓励先进资源循环利用和低碳技术应用。一是以海洋资源循环高效利用为中心，推动循环经济在海洋新兴产业中发展，重点推动海水循环综合利用；二是在深海油气开发、海水健康养殖等产业领域推动海洋可再生能源的示范利用；三是在海水健康养殖业发展中，积极推动海洋牧场、增殖渔业和碳汇渔业发展。

第二，落实和完善海洋开发项目生态环境评价制度，加强海洋生态环境监督管理。加强对深海油气开发、海洋工程装备制造、海洋可再生能源开发、工厂化循环水养殖等项目建设的海域使用论证与海洋环境影响评价，加大海洋工程环评公众参与力度，确保环评工作公平、公正、公开和透明，严格限制对海洋生态环境有影响的项目开工建设；同时，加强对海洋新兴产业项目海洋生态环境影响的跟踪监督管理，预防或减轻产业发展对海洋生态环境的不良影响。

第三章 "十三五"推动传统海洋产业提质增效研究

第一节 发展基础与环境

一 发展优势

资源优势明显。中国海域跨越热带、亚热带、温带,蕴藏海洋生物2万多种,约占世界海洋生物种类的1/10。由于中国近海水质肥沃、生产力水平较高,是各种海洋动物栖息、索饵、生长、产卵的良好场所,因而渔业资源极为丰富,大陆架渔场有鱼类1500多种,主要经济鱼类70多种。中国海洋油气丰富,深海资源占比高。其中,渤海海上油田是当前中国油气增长的主体,东海大陆架可能是世界上最丰富的油田之一,南海海域更是石油宝库,属于世界四大海洋油气聚集中心之一,有"第二个波斯湾"之称。根据相关预测,中国海洋石油资源量为275.3亿吨,天然气资源量为10.6万亿立方米,合计油当量约375亿吨,占全国总储量的30%以上。在海洋化学资源方面,中国海盐产量居世界首位,尤其是北方沿海滩涂地区海盐生产条件优越,成为中国盐田的集中分布区和海盐生产基地,分布有辽宁、长芦、山东和江苏四大盐区。此外,地下卤水资源也很丰富,主要分布在莱州湾沿海、河北、天津、辽宁沿海地区。

传统海洋产业具有雄厚的产业基础，对建设海洋强国的支撑能力不断增强。传统海洋产业已经成为海洋经济的支柱产业。2012 年，海洋渔业、海洋油气业、海洋矿业、海洋盐业、海洋船舶工业、海洋化工业增加值合计 7519 亿元，占主要海洋产业增加值的 36.09%。其中，海洋渔业仅是第三大海洋产业，占 17.09%，仅次于滨海旅游业和海洋交通运输业。2012 年，海洋水产品产量稳步增长，达到3033.3 万吨，其中，海洋捕捞产量 1267.2 万吨，海水养殖产量1643.8 万吨，沿海地区中心渔港和一级渔港分别达到 60 个和 77 个。海洋油气业实现增加值 1718.7 亿元，海洋原油产量 4444.8 万吨，天然气产量 122.8 亿立方米；海洋矿业实现增加值 45.1 亿元；海洋盐业实现增加值 60.1 亿元，产量 2986.4 万吨；海洋化工产业实现增加值 843 亿元。受全球航运市场持续低迷影响，面对交船难、接单难、盈利难等问题，2012 年海洋船舶工业实现增加值 1291.3 亿元。

表 3 - 1 　　　　　　　　　主要海洋产业增加值（亿元）

年份	油气业	渔业	盐业	船舶业	化工业
2001	177	966	33	109	—
2002	182	1091	34	117	—
2003	257	1145	28	153	—
2004	345	1271	39	204	—
2005	528	1508	39	276	—
2006	669	1672	37	340	185
2007	667	1906	40	525	235
2008	1021	2229	44	743	542
2009	614	2441	44	987	465
2010	1302	2852	66	1216	614
2011	1720	3203	77	1352	696
2012	1719	3561	60	1291	843

资料来源：历年《中国海洋统计年鉴》。

其中，随着外海作业和远洋渔业迅速发展，中国海洋渔业迅速发

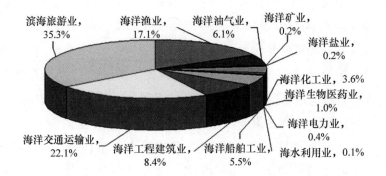

图3-1　2014年中国主要海洋产业增加值构成图

资料来源:《2014年中国海洋经济统计公报》。

展壮大,成为世界上重要的海洋渔业大国。目前,海洋渔业已从单一拖网作业向拖、钓、围等多种方式结合转变,作业船舶从小型渔船向大型现代化船舶转变,实现了大洋性渔业与过洋性渔业齐发展的良好格局。2014年,远洋渔业预计总产量190万吨,同比增长40%,远洋渔业船员队伍超过5万人,公海渔业资源的占有率提高到10%。中国远洋渔业专业加工企业发展到30多家,远洋渔业产品专业冷藏能力超过20万吨/次。其中,中国渔业集团通过海外并购策略,成为世界六大渔业公司之一,并在北大西洋海域、东南太平洋海域等进行捕捞作业。

中国海洋油气业起步于20世纪80年代,经过20多年的开发,海洋油气产量已经成为中国油气生产的重要组成部分。2012年,中国油田新增探明地质储量15.2亿吨中,海上油田为3.5亿吨,占23%。2014年,中国海洋油气总产量再次实现5000万吨,实现2010年达到5000万吨以来的5年稳产。目前,中海油在国内拥有渤海、东海、南海东部、南海西部4个主力油田,成为中国重要的海上能源生产基地。

随着产业规模的不断壮大和市场占有率持续提高,中国已经继英国、美国、日本、韩国之后,成为新的世界第一船舶制造大国。2014

年中国造船完工量、新接订单量、手持订单量等造船三大指标，以载重吨计分别占世界市场份额的 41.7%、50.5%、47.1%，在国际市场上具有举足轻重的地位。目前，中国在油船（含成品油船）、散货船、集装箱船（含多用途货船）等三大主力船型上已经拥有绝对竞争优势，并逐步向节能环保船舶和高技术船舶升级。市场需求疲弱也加快了行业整合，产业集中度进一步提高，2014 年全国前 10 家企业造船完工量占全国 50.6%，比 2013 年提高 3.2 个百分点；新接船舶订单继续向优势企业集中，前 10 家企业新接订单量占全国 55.5%。目前，中国船舶重工集团、中国船舶工业集团等国有企业以及扬子江船业公司、中国熔盛重工集团等民营企业都已经成为具有国际竞争力的顶尖船舶制造企业。

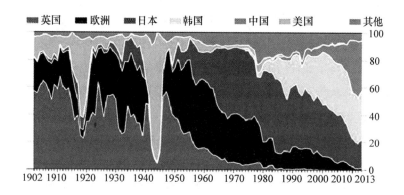

图 3 - 2　各国占全球造船业总吨位的百分比（%）

资料来源：Maritime Economics.

中国海洋工程装备产业取得了一大批重大自主创新成果，在多个领域实现了历史性突破，表现为自升式平台实现批量生产，海工工程船、辅助船占世界市场份额 40% 以上，已经建成一批跨入国际先进行列的海工装备，如 300 米半潜式钻井平台、圆筒式钻井平台、深海铺管船等。2013 年，中国承接各类海洋工程订单超过 180 亿美元，约占世界市场份额的 29.5%，比 2012 年提高 16 个百分点，超过新加坡居世界第二。其中，海洋油气钻采装备订单总额约77亿元，占全球市场的份额达到24%，超过新加坡，成为全球第二大海工装备制造国。目前，海工装备行业形成了一批具有国际影响力的骨干企业，包括上海外高桥造船有限公司、大连船舶重工集团有限公司、中远船务工程集团有限公司、烟台中集来福士海洋工程有限公司等。

部分重大产业技术和装备取得突破，产业升级步伐加快。在海洋渔业领域，渔业科技不断进步，渔业科技贡献率从2010年的55%上升至2014年的58%。目前，远洋捕捞全部实现机械化操作，以金枪鱼围网渔业、超低温金枪鱼延绳钓渔业、大型鱿钓渔业、大型拖网加工渔业为代表的高水平集约型船队发展迅速，并在捕捞、加工、运输、销售等环节实行系统的冷链质量安全控制和超低温技术处理，保证远洋深海鱼产品肉质接近鲜活状态。

在海洋油气勘探开发领域，中国已基本掌握了全套深水钻井技术、全套深水测试技术和全套深水管理要素。其中，中国船舶工业集团设计的"海洋石油981"号代表了当今世界海洋油钻井平台技术的最高水平。该平台最大钻井深度为12000米，最大作业水深为3000米，主要用于南海深水油田的勘探钻井、生产钻井、完井和修井作业，填补了中国在深水钻井特大型装备领域的空白。在深海资源探测开发装备方面，中国研制了最大下潜深度达7062米的"蛟龙"号，实现中国载人深潜技术的重大突破。

随着技术研发能力的不断增强，中国新推出的绿色环保船型数量不断增长，优化和研发了大型液化天然气（LNG）船、大型液化气船（VLGC）、超大型系列集装箱船、汽车滚装船、双相不锈钢化学品船、海洋执法船、公务船、远洋渔船等高技术船舶和特种船舶。在设计制造方面，超大型集装箱船总体设计、水动力性能综合优化、结构分析和设计、动力系统优化设计、集装箱堆放和系固、货舱通风、建造工艺等关键技术，以及超大型油船（VLCC）少压载水船舶线型设计、阶梯形压载舱布置、新型底部斜升结构设计等关键技术取得一定突破。在核心部件方面，电控智能型低速柴油机、高中速柴油机、海监船动力系统、高温超导电机、技术先进的碟式分离机、燃（滑）油供应系统、水封式焚烧处理系统、新一代综合船桥系统（IBS）、电子海图显示与信息系统、船舶操舵仪等一批新产品研制成功，实现产业化或完成样机试制。

在海工装备领域，随着"海洋石油 981""荔湾 3 - 1""COSL PROSPECTOR"等重大项目的相继交付投产，中国海洋工程装备制造能力得到了全面提升，在一些高技术含量的装备生产技术上取得了突破。目前，中国已经能够自主设计或联合设计多型自升式钻井平台、自升式风电作业平台、1500 米半潜式钻井平台和深水高性能物探船、5 万吨半潜驳、油田增产船、海洋居住船、风电基础运输船等一批档次较高的海洋工程船，导管架技术也发展较好，导管架平台最大重量达到 32000 吨，高度达 210 米，为亚洲第一。在 FPSO 领域，中国具有浅水 FPSO 船体和上部工艺处理模块的设计、建造能力，其最大载重量达 30 万吨。在设计制造方面，设计关键技术、数字分析技术、模型实验技术、平台总装制造技术、专用焊接技术等均取得进步和突破。

二 存在问题

海洋资源有序开发不足，导致资源持续利用面临巨大挑战。以渔业为例，在经济利益驱使下，中国部分沿海地区盲目发展捕捞业，以增加船、网的数量提高产量，致使近海捕捞强度超过了资源再生能力。目前，中国近海捕捞量达 90% 以上，造成近海渔业资源日趋枯竭，大黄鱼、鲆鱼、带鱼等底层和近底层鱼类资源已经严重衰退，优质鱼类占总渔获量的比例从 20 世纪 60 年代的 50% 下降到目前的不到 30%。海洋油气资源亟待加大勘探开发力度，以提高油气资源保障能力。目前，中国海洋石油开发率仅为 18.5%，石油勘探开发的油田水深普遍小于 300 米，大于 300 米水深的油气勘探开发尚处于起步阶段,天然气开发率仅为9.2%。由于勘探开发跟不上,南海北部石油产量在20世纪90年代上升成为主产区,但是在1997年以后呈波状快速下降。

一些产业发展方式较为粗放,制约了产业的转型升级。传统海洋产业多存在生产单位分散、规模小,从业者素质不高,规模化、集约化和组织化程度低等问题,难以应对工业化、大市场的需要。以渔业为例,技术装备落后成为现代渔业发展的主要瓶颈。中国渔船及相关装备的技术水平与日韩欧美渔业发达国家相比,有三四十年的差距,远洋渔业装备落后,极地渔业差距更大。统计显示,中国渔业拖网与定置网的产量约占总产量的2/3,这两种作业方式对渔业资源产生极大破坏。而且,由于中国70%—80%的机动渔船都是小型渔船,作业范围局限于近岸海域,也对近岸渔业资源造成严重破坏。在水产品加工方面,以传统初级加工为主,冷冻水产品占55%,高技术、高附加值产品少。

产业链关键环节发展薄弱,高端产品发展严重不足。在船舶制造、海工装备领域,设计研发能力和关键零部件配套成为产业由大到强转变的关键制约,突出表现在基础共性技术薄弱、主流装备自主设计能力不足、新型高端装备的设计制造经验缺乏等。在基础共性技术方面,结构性能分析及模型实验技术、总装建造技术、深水工程水动力性能分析、工程管理技术、风险评估等都与发达国家存在很大差距。在产品结构方面,中国造船业主要以散货船、油轮、集装箱轮等为主,其中散货船的占比在六成以上,结构性过剩的问题非常突出。与此同时,技术含量高、附加值高的高端船舶、海工装备市场占有率偏低。在零部件配套方面,国内船舶配套自给率平均不到50%,且多分布于甲板机械、船用发电机等中低端领域,海洋工程设备的配套自给率更低,不到20%。例如深水区域作业的半潜式钻井平台,所用船体、锚链、甲板机械多为中国制造,但其他设备均来源于国外进口。例如外高桥造船厂制造的六代深水半潜钻井平台"海洋石油

981"，总投资 60 亿人民币，基础设计由 F&G 公司承担，近 40 亿设备均为进口。

表 3 - 2　　　　当前中国船舶制造产业技术水平比较

国家		韩国	日本	中国
设计水平	基础设计水平	100	100	85
	细节设计水平	100	95	75
	生产设计水平	100	95	65
生产技术	切割技术	100	100	80
	焊接技术	100	100	80
	外观技术	100	100	70
	搭载技术	100	100	70
管理水平	价格管理水平	100	100	60
	材料管理水平	100	100	60
	生产管理水平	100	100	60
	人力管理水平	100	100	65

资料来源：韩国产业研究院。

三　发展机遇

海洋经济将成为各国竞相发展的新兴经济增长点。目前，在陆上油气可挖掘潜力有限的情况下，海上油气资源开发已经成为全球油气开发的重要组成部分。国际能源署公布的数据显示，近 10 年来全球发现的超过 1 亿吨储量的大型油气田中，海洋油气占到 60%，其中一半是在水深 500 米以上的深海。到目前为止，全球有 100 多个国家正在开采海底石油资源，有 50 多个国家正在进行深海油气勘探。2010—2013 年，全球油气勘探开发支出保持高速增长，年均增速超过 11%，2014 年更是接近 7230 亿美元。2009 年，海洋石油产量占全球总产量的 33%，海洋天然气产量占全球总产量的 31%。

传统海洋产业进入转型发展的新阶段。其中，高端船舶和海洋工程装备成为当前及未来一段时期竞争的制高点。特别是 LNG 船、超大型集装箱船、汽车运输船、豪华游艇和豪华邮轮等高端船品市场不断趋好。中国在高端船舶建造方面已经取得重大进步，截至2013年6月占全球市场的份额已经达到28%。另外，随着海权意识的增强，以及周边海域争议愈演愈烈、能源贸易通道安全威胁加剧，领海执法队伍、海军建设越来越紧迫，海监船、舰艇的建设呈现加速趋势，在一定程度上对冲了订单下滑的局面。

国家高度重视海洋经济发展的战略意义。目前，中国已经形成支持海洋经济快速发展的良好局面。国家多个部委已经计划将海洋产业放于"十二五"发展规划中；国家领导人一方面到各地考察当地海洋经济的发展，另一方面也在重要会议中倡导大力发展海洋科技，以推动海洋产业的发展；多个沿海地方政府也相继出台鼓励发展海洋产业的纲要和规划，融进发展海洋经济的热潮。

四 面临挑战

全球范围内传统海洋产业的竞争依然激烈。日本凭借领先的汽车产业在汽车运输船建造领域长期占据霸主地位，欧洲的芬兰STX船厂、法国STX船厂、德国Meyer Werft船厂、意大利Fincantieri船厂牢牢垄断着豪华邮轮建造市场，并在豪华游艇建造上保持领先地位，韩国在高技术船舶建造方面占据了全球45%的份额，特别是在超大型集装箱船建造领域优势明显。在海工装备领域，韩国三星重工打造的超级深海钻井船能够进行3000多米水深的水中作业，并能向下挖掘1.2万米。在海洋油气勘探开发方面，尽管中国勘探开发技术已经取得较快发展，但与美国、英国、法国、俄罗斯、荷兰、挪威等海洋科技发达的国家相比，仅有部分技术达到国际水平，整体水平仍有较大差距。

国际规划与秩序的新变化给产业发展带来重大挑战。国际公约对新造船舶废气排放量的限制越来越严格。按照国际海事组织的相关规定，在指定的排放控制区内，船用燃油最高含硫量标准2015年1月1日降到0.1%，2016年1月1日以后安装的低速柴油主机的NOx排放标准为 3.4 克/千瓦时。这迫使船舶建造商越来越重视绿色化技术和新能源领域的技术研发。中国与韩国签订《中韩渔业协定》在保护渔业资源、稳定渔业关系的同时，也使中国舟山等地的渔民失去了 30% 的海外渔场，另有 25% 的渔场受到限制。由于中国沿海渔民捕捞历史较早，韩国水域的对马、大小黑山、济州岛等水域一直是中国渔民的传统外海渔场。根据协定，中国渔民的部分传统渔场位于韩国的专属经济区，虽然中国渔民可以通过韩国授权中国相关部门颁发的"许可证"到韩国专属经济区捕鱼，但是许可证的发放量十分有限，还要面临韩国关于渔网网孔大小、捕获量、捕获物等规定的制约。

近海环境污染加剧给产业发展带来隐忧。有关数据显示，中国近岸海域污染较严重，近海生态系统健康状况恶化的趋势尚未得到根本缓解，主要表现在水体富营养化及营养盐失衡、河口产卵场退化、生存环境丧失或改变、生物群落结构异常等。根据官方检测数据，过去 10 年间，中国近海海域污染范围扩大了近一倍，赤潮每年发生达 60 余次，红树林、珊瑚礁、湿地等重要生态系统已分别丧失 73%、80%、57%，东海之滨的浙江 1/3 海域成为底栖生物绝迹区。以山东莱州湾为例，2006 年以来，主要河流入海断面水质多为劣五类，面积约占整个海湾面积的 30%，导致鱼卵仔鱼数量持续下降，渔业资源严重衰退。

此外，南海、东海是中国油气资源的主要富集地区，但是海洋油气勘探开发面临众多挑战。在美国"亚太再平衡""重返亚太"战略深入推进的背景下，中国海洋油气资源开发面临着愈加复杂的地缘政治环境。一些国家利用《联合国海洋法公约》关于 200 海里专属经济区的规定，发起了一场具有深远地缘战略影响的"蓝色圈海运动"，近两年持续升温的钓鱼岛和黄岩岛主权争端、东海大陆架划分争端便是其直接体现。如果海洋领土争议进一步扩大化、复杂化，中国能源安全将可能直接受到威胁。目前，某些东南亚国家在中国南海断续线内海域已钻了 1000 多口井，现在年产石油超过 5000 万吨，给捍卫中国海洋权益带来威胁。

第二节 国外经验分析

一 挪威海洋渔业

挪威位于北欧斯堪的纳维亚半岛，是一个海洋渔业强国，海洋经济在国民经济中占据绝对优势。挪威的水产养殖、水产加工和海洋捕捞技术非常先进，在世界名列前茅。其中，挪威海产养殖研究和生产方面的历史非常悠久，积累了丰富的经验，形成了从种苗繁育、成鱼养殖到饲料生产和设备制造的完整产业链。目前，海产养殖业已取代捕捞业，成为挪威渔业的支柱，养殖三文鱼成为挪威主要的出口商品，占有将近50%的国际市场份额。挪威海水养殖品种以冷水性鱼类为主，主要种类包括大西洋鲑、大西洋鳕鱼、大西洋鳙鲽、虹鳟鱼等。

挪威海洋经济发展的经验主要有：（1）渔业法制以及其他相关海洋经济监管体系完善，挪威早在1946年就建立了渔业部，具体负责渔业活动、海岸安全、海洋科研及渔业资金的具体管理，同时挪威也是一个较早制定渔业法规的国家，形成了渔业管理上一整套法律、法规，保证水产养殖业在政府控制下健康、有序发展。在过去40年间，挪威通过了一系列关于养殖业的专门立法，如《关于海洋牧场的规定》《关于三文鱼繁殖授权的规定》《关于饲料的规定》《关于渔产品质量的法规》《关于水产设施操作的法规》等（这些立法已被并入《水产法》和《食品安全法》等综合性法规），实现了养殖业的法制化。根据这些法规，从事海产养殖需要事先申请许可证，按照许可证规定的位置、以符合环保标准的方式建造养殖设施。在生产过程中，养殖场必须严格遵守最大养殖密度和生产设施卫生、消毒等规定，以控制疫病的产生和蔓延，保护周边的自然环境。

（2）建立了众多具有针对性的海洋经济研究所，而且科研体制比较灵活，注重科研成果的商业化和技术转让。在 20 世纪 80 年代，挪威水产养殖业受到弧菌等病害的困扰，抗生素在养殖中大量使用，考虑到鱼体内药物残留及对社会公共安全的潜在影响，挪威渔业主管部门组织开展疫苗研制工作，成功研制出针对鲑鱼细菌病的疫苗，养殖病害发生频次大大降低，鲑鱼养殖产量也随之大幅提升。围绕大西洋鲑，挪威水产科技部门开展了长期、系统的品种选育工作，生产速度明显提高，每尾 2 年可达到 5 公斤，饲料系数由 3.5 降至 1 左右。

（3）广泛推广现代化养殖技术，提高生产效率、降低生产成本。养殖场的所有生产活动，如饲料投放、生长环境监测、成鱼捕捞等，均由机器以自动化方式完成。虽然自动化生产要求较高的设备投入，但由于挪威的海产养殖是以产业化方式进行的，养殖密度很高，设备投入只在生产成本中占有极小的比重。以三文鱼养殖为例，虽然每套网箱的价值高达 120 万—130 万克朗，但在总成本中所占的比重仅为 5% 左右。

（4）拥有良好的私营企业投资系统，通过一定的激励政策，鼓励私营企业投资国有企业的海洋技术开发项目，为研究开发注入了新的生命以及新的监督媒介，同时也在一定程度上减轻了国家的研究开发的经费负担。

（5）在海洋经济开发的同时注重海洋环境的保护。

二　巴西海洋油气产业

巴西既是全球范围内重要的深海油气产区，也是全球海洋石油勘探开发的领先国家。在 2009 年之前，巴西还是一个石油进口国，随着海上石油开采技术的飞速进步，巴西的油气储量发生翻天覆地的变化，一跃成为石油出口国。目前，巴西 90% 的石油储量位于海上油田，其中深海油气资源主要集中在坎波斯、桑托斯、埃斯皮里图—桑托、Sergipe-Algoas 等盆地。1997 年，巴西创造了在 1709 米水深作业的世界纪录。2003 年，巴西的探井和开发井都达到了 3000 米水深以上。

（1）培育大型领军企业。巴西国家石油公司成立于1953年，统管巴西石油的勘探、开发、生产、运输等业务。目前，巴西授权开采的油田，约有一半由巴西国家石油公司开采。在全球，巴西国家石油公司在28个国家拥有业务，包括墨西哥湾的大范围开发。在2013年《财富》世界500强中，巴西国家石油公司排在第25位，成为巴西作为大国崛起的标志。作为深海油气开发的领军企业，巴西国家石油公司拥有全球范围内规模最大、水平最先进的海上石油生产设施，公司计划5年投资2367亿美元，在2017年前把其巨大的深海油田的石油产量提高2倍，达到日产340万桶油当量。

（2）引入国外石油开发公司。1997年，巴西对相关法律进行修改，允许国外石油公司对海上区块的勘探权进行投标。国外公司的进入带来了新的变化，包括壳牌石油公司、挪威国家石油公司、法国石油天然气公司、印度国家石油公司等。其中，壳牌石油公司正在开发坎波斯油气项目，持有50%的权益，负责对油气资源开发和生产进行管理。2013年，巴西石油公司与壳牌、道达尔、中石油、中海油组成联合体投标开发桑托斯盆地的利布拉油田。利布拉油田原油开采资源量达80亿—120亿桶，由于海水深度约2000米，开采难度大，多家企业联合开发有助于相互间的技术合作，并降低开采风险。

（3）制定法律法规。2009年，巴西制定颁布了4份有关深海石油勘探和开发的法律草案，分别是《关于深海石油勘探和开采的法律规定》《关于成立深海石油勘探国有公司的草案》《关于允许联邦政府对国家石油公司进行资本化的草案》《关于利用部分深海石油开采所得利润成立社会基金推动减贫、教育、文化和科技的草案》。

三 日本及韩国造船业

在造船业发展的不同阶段，针对产业发展存在的不同问题，日本、韩国都采取了有针对性的政策措施，促进产业发展升级。日韩政府关于造船业的政策都有很强的灵活务实性，在技术研发、船舶建造上给予强力支持，特别注重保障国内造船厂（包括配套设备）来自国内船东需求的保护力度，对造船业走上良性循环发展道路起到重要作用。

在产业发展的起飞阶段，政策着力点主要集中于资金扶持、国内市场保护、国际市场开拓等方面。主要措施有：

（1）将造船业作为先导产业放在优先发展的位置，实行计划造船。例如日本政府为了鼓励本国船东在国内订船，通过复兴金融金库、日本银行、美国对日援助资金、开发银行，对列入计划的国内新船订货提供优惠贷款，额度大，期限长，利息率低，此外对船东从政府银行、商业银行借款给予利息补贴。韩国船东在提出申请后，经政府审查列入造船计划，可获得优惠造船贷款。两国政府都采用了各种措施来确保造船业获得稳定的国内市场。

（2）对进口船征收关税，限制本国船东在国外订船和购买船用设备。

（3）财政补贴，低息贷款，使得本国造船修船能力迅速提升。韩国在 20 世纪 60 年代末就颁布了《造船工业振兴法》，为新建船厂提供总额 65% 低息贷款。

（4）优惠卖方信贷、优惠财税，甚至提供优惠价格钢材，扩大本国船舶出口。

（5）国家制定各种专门法律，为造船业发展保驾护航。日本战后直接针对造船业的法律有 30 多项。

在产业成长成熟发展阶段，政府更多侧重于提升技术、配套发展、防范风险等方面，主要有：

（1）利用法律、行政、税收、信贷各种手段扶植船舶配套业发展。在规模达到领先后，把船舶配套设备的发展放在重要位置，积极促进配套设备标准化、建立新的开发生产体制、引进先进技术等，这一点对中国具有现实借鉴意义。

（2）日韩两国在 20 世纪 90 年代，将对船舶业直接支持部分转为提供船舶科研开发补贴，既减轻其他造船国家的指责，又直接增强造船业的核心竞争力。

（3）在船舶制造萧条时期实行债转股，优惠信贷，扶植特大型造船企业。同时根据经济变化情况适时规制造船能力，保证造船业健康发展，同时一定程度规避了需求波动对国内造船业经营冲击。

四 新加坡海工装备产业

经过多年发展，新加坡企业已经成功由造船商转型到海洋工程建造商，70% 以上的船厂业务都集中在海洋工程建设方面，在自升式和半潜式的设计、建造方面处于世界领先地位。如吉宝船厂拥有 3200 吨、1600 吨和 400 吨浮吊以及 300 吨履带吊 40 多台，裕廊船厂拥有独特的座托架式能双向移动的平地下水设施。

新加坡企业在世界海洋工程市场占据重要位置的原因包括：（1）与欧美、韩国在技术生产方面紧密合作，在 30 多年前就锁定海洋工程的研发和建造，有专门的机构和人才储备。（2）船厂在管理上不断加强，全面承包平台组件所有的建造任务，而且有印度、巴基斯坦等国输入廉价劳动力做支撑。（3）采用国际配套，技术含量高的部件如齿条、桩腿、井架等皆由专业制造厂制造，船厂进行总装，只建造平台的本体钢结构。此外，由于海工装备定制性较强，对于交付期的要求比较严格，而新加坡企业在长期的建造过程中，积累了丰富的经验，因此具备按时完成交付的优点。研究公司 IHS 揭示，在过去的 5 年中，新加坡吉宝和胜科的钻井平台一般都是在规定时间前交付，而中国企业则会比规定时间晚 50—250 天。

以新加坡吉宝海工为例，可以总结新加坡海工装备企业发展的一些宝贵经验。首先，尽可能地扩大海外版图，适时收购海外船厂，甚至在全球海工陷入萎靡时期，公司也从未停止收并购的脚步。其次，重视内部管理，提高生产效率，在 2010 年前，吉宝的海工平台建设速度远超韩国、中国，但成本却低于这两个国家。最后，由加工组建到模仿制造再到设计创新，吉宝海工从 FPSO 改建开始涉足海工制造，通过收购国外专利模型和加大研发投入不断提高产品附加值和竞争力，逐渐成为世界海工制造市场上举足轻重的钻井平台制造商。

第三节　总体思路与发展目标

一　总体思路

以建设海洋强国为目标，以提升产业竞争力为导向，以技术创新和结构调整为重点，打造技术领先、结构合理、绿色发展的海洋产业体系，推动传统海洋产业从粗放发展向精益发展转变、从要素驱动向技术驱动转变、从低端竞争向高端升级转变、从过度开发向绿色发展转变，形成一批具有国际影响力的海洋龙头企业和知名品牌，奠定建设海洋强国的坚实基础。

——转变发展方式，推动精益发展。瞄准海洋资源开发和利用，提高相关技术的创新研发能力，构建有利于科技资源整合、科研成果转化的体制机制，提高先进技术对产业发展的支撑和驱动作用，推动外延式、粗放型的发展模式向内涵式、集约型的发展模式转变。

——调整产业结构，促进高端发展。以高端船舶、海洋工程装备、现代海洋渔业、现代海洋化工等为发展方向，引导企业加大新型产品、高附加值产品的研发投入，以占领产业未来竞争的制高点，实现从低端产品过度竞争到高端产品率先发展的转变。

——坚持生态优先，促进绿色发展。正确处理开发利用与保护的关系，坚持产业发展规模、速度与资源环境承载能力相适应，加强安全、节能、环保、清洁的渔业养殖新技术、油气开采新技术、船舶制造新技术、海洋化工新技术的研究开发，增强经济可持续发展能力，不断提高海洋生态文明水平。

二 发展目标

产业规模稳步增长：传统海洋产业规模实现平稳增长，发展质量和效益明显提高，能够更大程度上满足水产品消费市场需求、加大海洋资源勘探开发力度、提高油气资源保障能力等，高端船舶、海工装备、新兴海洋化工等产业对优化产业结构的支撑能力进一步增强，对经济和就业增长的拉动作用进一步提升。

技术水平大幅提升：形成运转高效、衔接有序的技术进步和产业研发体系，海洋渔业的基地化、设施化、集约化水平大幅提升，掌握市场需求量大的高端船舶、深水油气钻采装备、主流海洋工程装备的自主设计和建造能力，集设计、生产、管理一体化数字制造能力明显提高，科技进步对传统海洋产业的贡献显著增强。

市场地位显著提升：在全球范围内的资源获取、整合能力显著增强，在船舶、海工装备等领域的价值链掌控、标准制定、市场议价等方面的能力明显提高，形成一批满足最新国际规范要求、引领国际市场需求、具有较强影响力的知名自主品牌。

第四节 发展重点与主要任务

一 海洋渔业

（一）选择依据

1. 水产品消费市场快速扩大，增长潜力巨大

为缓解由于经济发展、人口增加导致的粮食紧张问题，水产品作为替代传统的肉类、谷物为主的供给品种日益受到重视。随着经济快速发展和人们生活水平提高，水产品在消费结构中所占的比重迅速提高。2010 年，福建和上海人均水产品消费支出分别达到 999.6 元和817.6 元，居于全国领先地位，其次是浙江（713.8 元）、广东（657.7 元）和海南（669.8 元）等省区。2011 年，中国水产品消费

量达到 5636.9 万吨，相比 2007 年增长 17.8%，人均消费 41.82 千克。未来，随着水产品的主要消费市场由传统的食鱼型为主的东部沿海地区向中西部地区扩展开来，中国水产品市场将进一步扩大。假设中国每人每年的水产品消费量提高 1 千克，全国的水产品消费总量就会增加近 14 亿千克，相当于世界上一个渔业发达国家全年的水产品总量。

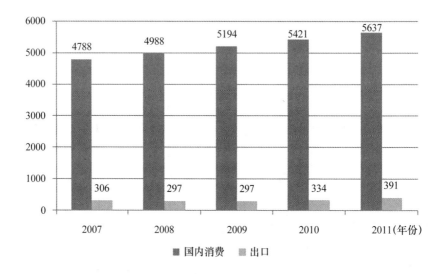

图 3-3　中国水产品消费与出口情况（万吨）

2. 消费结构不断升级，水产品占比不断提高

海洋产品是人类获取蛋白质的重要来源之一，具有少污染、高蛋白、低脂肪、多维营养、健身补脑等特点。特别是远洋水产品均从深海捕捞，受工业活动的影响较小，肉质鲜美、口味纯正，是天然、无污染、健康的优质产品。例如金枪鱼是脑黄金 DHA 含量最高的天然食品，具有解毒、健脑、抗疲劳等功效，斑节虾、鱿鱼、金线鱼等高端水产品也是不可多得的健康美食。因此，随着消费者对优质、健康食品的偏好趋于增强，消费者对远洋水产品的需求将持续增长。未来，远洋水产品将不再局限于满足部分富足人群，将进入"平民化阶

段",从而增大远洋水产品的需求量。

3. 水产品出口规模大,是创汇增收的重要手段

由于远洋捕捞远离近海、运回国内成本较高,相当一部分高价值水产品都在国外销售,其中有一半出口到日本和欧美地区。2011年,中国水产品出口达到391万吨,相比2007年增长27.7%;2014年水产品出口进一步增长至416.33万吨,出口额达216.98亿美元。在一般贸易中,墨鱼、鱿鱼、对虾、贝类、罗非鱼、鳗鱼、蟹类占出口额的66.8%。另外,作为最大的水产品加工出口国,中国水产品来料加工出口曾持续多年保持快速增长态势。未来,随着美国等国家逐步摆脱经济危机影响,以及中国大力推进"一带一路"建设、"自贸区"战略,中国水产品出口市场有望进一步向好发展。

(二)发展重点

海洋捕捞业:实施限额捕捞制度,控制和压缩近海捕捞渔船数量,完善伏季休渔制度,继续实施海洋捕捞渔船总量和功率总量控制制度。大力实施"走出去"战略,发展壮大远洋渔业,巩固提高过洋性渔业。加强远洋渔船更新改造和渔场探捕,形成一批装备先进、适应深海作业的捕捞渔船。积极争取公海渔业捕捞配额,开展国际双边和多边渔业合作,开辟新的作业海域和新的捕捞资源,特别是要积极开拓资源开发度较低的印度尼西亚、秘鲁等远洋渔场,争取建立更多的资源开发支撑点。加强与日本、韩国、菲律宾等国家远洋渔业的联系与合作,建设远洋捕捞补给基地。

海水养殖业:合理布局海水养殖产业,调整渔业养殖结构,打造一批良种基地、标准化健康养殖园区和出口海产品安全示范区。着力培育海水养殖特色品种,完善水产原良种体系和疫病防控体系,建设海洋生物种质资源库和海产品质量检测中心。因地制宜发展滩涂、浅海养殖,改善滩涂、浅海养殖环境,减少病害发生,逐步向深水水域推进。开发健康养殖技术和生态型养殖方式,推广深水网箱,合理控制养殖密度,提高集约化和现代化水平。

渔业增殖业：加强海洋渔业资源管理，科学保护和合理利用近海渔业资源，加大近海渔业资源增殖放流力度，合理确定增殖放流品种，推行立体增殖模式。逐步改善渔业资源种群结构和质量，建设人工渔礁带和渔业种质资源保护区。

海洋水产品加工业：以远洋捕捞产品为原料，积极开发鲜活、冷鲜等水产品加工和海洋保健食品，提升高档鱼、虾、蟹、贝及海珍品的保鲜保活和大宗、低值鱼类、藻类精深加工技术水平，重点建设一批水产品精深加工基地。促进龙头企业做大做强，认真执行水产品绿色认证标准，培育具有较高市场占有率的知名品牌。结合水产品海洋捕捞、养殖业区域布局，建设以重点渔港为主的交易、仓储、配送、运输为一体的水产品物流中心。提高水产品加工的清洁生产水平，大力发展水产品加工废弃物的综合利用。

二 海洋油气业

（一）选择依据

1. 海洋油气资源开发是保障中国能源安全的重要渠道

随着陆上油气资源开采峰值已过，海洋油气开采进入黄金时期。海洋石油特别是深海石油，将是弥补石油供需缺口的重要来源。2009—2013 年，全球海洋油气投资增长了 16%，在深水特别是超深水勘探开发方面的进展明显超过浅水。就中国的情况来看，陆上油田老化且增量不足，石油能源安全隐患日益凸显。随着一批陆上主力油田相继进入油田开发衰退期和高含水期，东部油田的年产量逐年递减；西部油田虽然保持产量的持续快速增长，但是受自然条件和投资限制，难以在短期内大幅度提高产量。因此，加强海上油气开发将成为中国能源战略的重中之重。

2. 中国海洋油气资源开发潜力巨大

从 1994 年开始，中国油气生产的增量部分，海上石油占了一半以上，产量自数十吨增至 5000 万吨。目前，海上油气开发集中于渤海、黄海和南海珠江口。其中,渤海是近海勘探和开发相对成熟的区域,7.7万平方公里的渤海湾油田已被大片开发;南海近海油田开发具有一定规模,但是深水海域尚未开发,从渤海向东海、南海深水区域转移将是中国海洋油气开发的必然趋势。据国土资源部初步统计,整个南海的石油地质储量大概在230亿至300亿吨,约占中国资源总量的1/3,开发潜力十分巨大。按照中海油规划,未来10—20年内在南海油气的投资总额将高达2000亿元,在2009—2020年间将逐步建立起1500—3000米水深油气勘探能力。

3. 中国深海油气勘探开发能力显著增强

目前,中石化、中石油在近海海域的石油开发技术已经比较成熟,中海油在深水油气勘探开发方面具有较强实力。2011—2012年,中国打造的深海利器——"海洋石油981""海洋石油201"相继诞生,标志着中国深水油气资源勘探开发能力和大型海洋装备建造水平跨入世界先进行列。2012—2013年,中国深水作业进入实际操作阶段,"海洋石油981"在南海荔湾区域1500米水深的地层成功首钻,标志着中国海洋石油工业"深水战略"迈开实质性步伐。随着深水勘探开发能力的增强,中国企业正在越来越多地参与国外海洋油气项目开发,如几内亚湾、苏伊士湾、北海、西非海域、墨西哥湾、巴西海域、安哥拉海域等。

(二)发展重点

海洋油气勘探:充分发挥各类科研机构的技术优势,加强与国外优秀科研力量的合作,提高大洋深海资源及相关科学研究水平。加大深水勘探开发科技与装备的攻关力度,支持开展深海探测、深海生物资源开发、深海取样、海底观测等深海勘探开发装备的研制开发,增强海洋勘探开发业的核心竞争力。完成重点海域油气资源普查,加大黄海、东海、南海等海域油气资源战略调查与评价,提出新的油气远景区和新的含油气层位,积极开展近海天然气水合物勘探前期工作。

海洋油气开发:贯彻"两种资源、两个市场"的原则,实行油气并举、立足国内、发展海外，自营开采与对外合作并举。加强渤海、东海、南海等海域近海油气开发，寻找新的储量和产量接替区，开发重点由近海区域向深海区域转移。积极探索争议海域油气资源开发方式，加快"走出去"步伐，在争议大、敏感度高的海域有意识地与国外石油公司联合开发。积极参与全球油气资源开发，加大海外资源获取力度。加强深水油气田开发技术研究，开展深水油田钻完井工艺、钻井液与固井液、钻井作业安全控制、智能完井及测试等关键技术研究，形成深水钻井技术体系和 3000 米深钻完井能力。

三 海盐及海洋化工业

（一）选择依据

1. 海洋化工产业有着广阔的发展前景

海水中蕴藏着丰富的化学资源，每立方公里海水中含有 3500 万吨固体物质，元素周期表中的 109 种元素，海水里含有 80 多种。其中，钠和氯是已被成功利用的两种基础化工原料。当前，海洋化工所关注的重要原料是钾、溴、镁、锂、碘、铀等微量元素也是 21 世纪重点开发的战略物资。随着海洋科技的突飞猛进，海洋资源开发利用为解决困扰人类生存和可持续发展问题展现了新的曙光。一方面，海洋新药物资源家族庞大，提取和开发利用深海基因资源前景广阔。另一方面，海水资源综合利用前景乐观，随着海水淡化成本的大幅下降，全球海水淡化市场将以每年 10% 的速度扩大。

2. 传统海洋化工产业改造提升空间较大

目前，中国盐化工已经形成 4 条典型的产业链，即以原盐为原料生产纯碱、烧碱，以纯碱为原料进行深加工，以制碱废液为原料生产氯化钙、氯化钠，以制盐苦卤为原料生产硫酸钾、氯化镁、溴素等。但是，多数行业面临产能过剩的困境。随着工艺技术和装备水平提高，高附加值盐产品的不断开发，特别是原盐加工精细化、系列化发展，海盐及盐化工产业的增长空间依然很大。目前，在山东等地区已经建立了千亿级的石化盐化一体化产业基地，涵盖盐化工、溴化工、苦卤化工、精细化工等系列产品。

3. 新兴海洋化工产业蓬勃兴起

目前，中国在海水淡化、海水化合物资源提取和利用、海洋涂料等新兴海洋化工产业已经具有了相当的基础和积累。这些新兴领域市场增长潜力大，成长性好。例如海洋工程装备95%的材料都是钢铁或钢筋混凝土，在海洋环境中经过化学和电化学反应被腐蚀损坏。根据有关数据，每年腐蚀使全球损失10%—20%的金属，损失的钢铁约6000万吨。因此，海洋工程装备的发展将带来强劲的海洋腐蚀防护材料需求。

（二）发展重点

海盐化工业：坚持以盐为主、盐化结合、多种经营的方针，提高工艺技术和装备水平，大力开发高附加值产品。优化盐化工组织结构和产业结构，推进盐化工一体化示范工程，形成以高端产品为主的产业新优势，建成一批重点海洋化学品和盐化工产业基地。

海洋化工业：推进海洋化学资源的综合利用和技术革新，加强系列产品开发和精深加工技术，重点发展化肥及精细化工。开发海藻化工新产品，扩大原料品种和产品品种，提高质量。积极发展海水化学新材料产业，重点开发生产海洋无机功能材料、海水淡化新材料、海洋高分子材料等新产品，建设一批海洋新材料产业基地。

海水淡化及综合利用：提高海水淡化技术自主化水平，鼓励并支持沿海城市、海岛组织实施大规模海水淡化产业示范工程。在满足相关指标要求并确保人体健康前提下，积极开展海水淡化项目纳入市政饮用水工程试点工作，在有条件的海岛以海水淡化水为主要水源，鼓励沿海城市与企业以海水淡化水作为生产生活用水。在沿海地区围绕电力、化工、石化等重点行业，大力推广直接利用海水作为工业用水。结合沿海高耗水行业节水改造和新建项目，大力推广应用海水循环冷却。

四 船舶制造业

（一）选择依据

1. 船舶制造业是制造业大国竞争的重点领域

日本具有高端技术优势，它走高端技术路线，靠品质和建造高端专用船取胜。韩国具有次高技术优势和价格优势，正从规模路线向技术路线转型。欧盟造船企业在大型豪华游轮、大型客滚船、军船、LNG、LPG、CNG 等高技术船舶方面有着强大的竞争实力。配套能力建设也是全球船舶制造业竞争的关键环节。日本具有完整的高水平配套能力，船企通过与配套企业相互参股、人员与技术交流合作等方式，形成长期战略联盟，配套企业技术水平大大提升，平均装船率达到 100%。虽然韩国船企与配套企业没有形成强有力的联盟关系，整体技术能力与日本仍有 10 年差距，但装船率也实现了 90%。在船舶核心部件——低速柴油机领域，MAN B&W、NEWSULZER 占世界份额的 90% 以上；在中速柴油机、中高速柴油机领域，MAN B&W、瓦锡兰两大柴油公司占世界份额的 75% 以上。因此，船舶制造业既是中国参与国际竞争的重要领域，也是中国建设制造业强国的重要支撑。

2. 船舶制造业在国民经济中占有重要地位

船舶工业具有技术先导性强、产业关联度大的特点，是为航运业、海洋开发及国防建设提供技术装备的综合性产业，对钢铁、石化、轻工、纺织、装备制造、电子信息等重点产业发展和扩大出口具有较强的带动作用。2014 年 1—11 月，全国规模以上船舶工业企业共 1492 家，实现主营业务收入 5626.9 亿元。2014 年，全国完工出口船 3311 万载重吨，承接出口船订单 5551 万载重吨，1—11 月船舶出口金额 228 亿美元。船舶工业对国民经济的重要作用不仅体现在船舶工业本身的庞大规模，还体现在其通过关联作用带动其他部门的发展。由于产业链长，船舶工业的产业关联面相当广泛，在国民经济

135 个产业部门中,有 113 个部门对船舶工业有直接投入,覆盖国民经济 80% 以上的产业部门。因此,发展提升船舶制造业对于拉动国民经济增长、优化产业结构有着重要的意义。

3. 中国船舶工业国际竞争力强,发展提升空间大

船舶工业是中国具有较强国际竞争力和综合发展优势显著的产业,也是中国少有的能与发达国家竞争的产业之一。从造船完工量、新船接单量、手持订单量来看,中国船舶制造业都居世界第一。中国造船企业主动适应国际船舶技术和产品发展新趋势,正朝着设计智能化、产品智能化、管理精细化和信息集成化等方向发展,在发展技术含量高、市场潜力大的绿色环保船舶、专用特种船舶、高技术船舶方面取得显著成效。2014 年,中国批量承接了 1.45 万箱集装箱船、17.4 万方液化天然气(LNG)船、1600 客位高端豪华客滚船。在船舶建造领域,产品转型成效显著,1.8 万箱船进坞搭载、8500 车位汽车滚装船出坞、极地重载甲板运输船开工建造、超大型液化气船(VLGC)码头调试、4.5 万吨集滚箱船进入系列化建造、7 万/10 万吨总吨级豪华邮轮等完成设计。从企业来看,中国有 4 家企业新接订单量位列世界前 10 强,中国船舶工业集团公司和中国船舶重工集团公司新接订单和手持订单分列世界造船集团第一名和第三名。

(二)发展重点

船舶设计研发业:培育提升船舶设计开发研究机构的能力和水平,推进企业技术(工程)中心建设,引导和支持重点骨干企业建设国家级船舶、船用配套设备研发中心,提升高技术船舶设计水平和能力。选择具有引领带动作用的重点方向和领域,推动要素整合和技术集成,组织实施一批产业创新发展工程,加快形成产业之间、地区之间的技术创新联盟,开展共性技术、关键技术、前沿技术的联合攻关,突破产业发展的技术瓶颈。加大行业公共技术研发和服务平台建设,加大船舶企业数字化、自动化技术改造提升,加快采用和推广节能减排的新技术、新工艺和新装备。

船舶制造业：以精益造船、绿色造船为导向，推进造船总装化、管理精细化、信息集成化，打造高效船舶制造体系。适应国际造船新标准，加快推进散货船、油船、集装箱船等主流船型升级换代。实施一批具有全局性、带动性的重大创新项目，加快大型液化天然气船（LNG）、大型压缩天然气船（CNG）、大型液化石油气船（LPG）、超大型散货船、超大型集装箱船建造。瞄准国际新航道和新航线等新兴需求，加快发展冰区船舶等产品。面向国内需求，积极发展内河运输船舶和工程船舶。围绕国家海洋战略的实施，加快发展新型海洋资源勘探开发和海洋科学考察船舶。不断提升游艇研发设计和制造能力，尽快掌握超大型船舶、高技术船舶以及特种船舶的维修和改装技术。大力发展军民一体化的船舶装备科研生产体系，促进军用与民用科研条件、资源和成果共享，推动船舶军民通用设计、制造先进技术合作开发。优化产业组织结构，以大型骨干造船企业为龙头推进行业并购重组，面向细分市场发展一批"专、精、特、新"的中小船舶企业。

船舶配套业：围绕重点产品领域，推进船舶配套企业专业化、规模化、特色化发展，形成对进口产品的替代，提高船用设备本土化装船率。鼓励重点骨干配套企业加快掌握系统集成技术，促进船舶配套业由设备加工制造向系统集成转变。推动中高速柴油机、小缸径低速柴油机、甲板机械、舱室机械等优势配套产品智能化、集成化发展，加快转叶式舵机、污水处理装置、油水分离机、船舶节能装置等产品产业化，突破一批高端船用动力设备、船板等产品，提高关键配套设备和材料自主化水平。完善关键设备二轮配套体系，形成核心部件的国产化设计和配套能力。

五　海洋工程装备制造业

（一）选择依据

1. 海洋工程装备是建设海洋强国的核心支撑

海洋工程装备产业涉及海洋资源（特别是海洋油气资源）的勘

探、开采、加工、储运、管理、后勤服务等领域，是开发利用海洋资源的物质和技术基础。特别是在油气开发从常规油气向非常规油气转变、从陆地向海洋转变、从浅水向深水转变的过程中，海洋工程装备产业的重要性日益凸显。在全世界范围内，海洋强国都拥有强大的海洋工程装备产业，海洋工程装备是海洋强国和临海国家争夺海洋权益及深海资源的重要保障。其中，欧美企业为第一阵营，是世界海洋油气资源开发的先行者，也是世界海洋工程技术的领先者；韩国和新加坡为第二阵营，在产业中端，包括高端海工装备的总装建造、升级改造等方面处于领先地位；第三阵营是作为后起之秀的中国、巴西、俄罗斯等国家，这些国家处在价值链的中低端，主要活跃在产业链的制造环节。因此，中国建设海洋强国必须发展强大的海洋工程装备产业。

2. 海洋工程装备是国民经济新的重要增长点

海洋工程装备是中国当前加快培育和发展的战略性新兴产业，具有高技术、高投入、高产出、高附加值等特点。作为先进制造、信息、新材料等高新技术的综合体，海洋工程装备产业辐射能力强，对国民经济带动作用大。2013 年，中国承接各类海洋工程装备订单额达到 180 亿美元，比 2011 年的 50 亿美元，增长超过 2 倍。2014 年上半年，海洋工程装备产业完成主营业务收入 338.2 亿元，同比增长 12.7%，远快于整个工业增长水平；中国新签各类海洋工程装备合同金额 79 亿美元，占全球市场的份额提高到 32%，远高于 2013 年的 24%，居全球第一。目前，沿海的上海、江苏、辽宁、山东、浙江等省市已经形成了多个较大规模的海工产业集群。

3. 中国海工装备产业承接国际转移和升级步伐加快

当前，全球范围内海洋工程装备产业向中国等亚洲国家转移的趋势已经非常明显。在中国投资建厂的跨国海工装备企业包括美国高曼、韩国 STX、新加坡万邦、日本森松、挪威阿克科瓦纳、新加坡吉宝等。发展至今，中国海洋工程装备已经具备了一定的技术基础和较强的建造能力，产品开发由低端近海开始向高端深海逐渐突破，如中国自主设计、建造的第六代 3000 米水深半潜式钻井平台——海洋石油 981 就代表了世界海洋石油钻井平台技术的先进水平。一些海工装备企业已经形成了较强的竞争能力，如中集来福士、中国船舶、海油工程、振华重工在总承包领域、宏华集团和 TSC 集团在核心设备领域、工银租赁在融资租赁领域都在迅速扩展其业务。

（二）发展重点

海洋油气勘探开发装备：面向国内外海洋资源开发的重大需求，围绕海洋资源勘探、开采、储存、运输、服务等五大环节，在海上钻井装备、海上油气浮式生产装置、海洋油气储运装备、海洋工程辅助船、深海潜器及勘探作业设备、关键系统与配套设备方面突破一批高端产品，提升主流海洋油气开发装备和海洋工程船舶的研发制造能级和市场竞争能力。加快已取得技术突破的海洋工程装备产业化步伐，重点研发新型、深水装备及关键配套设备和系统，突破设计制造核心技术。在工程设计、模块制造、配套设备工艺、技术咨询等领域培育具备较强市场竞争力的专业化分包商，培育形成较完整的海洋工程装备产业链，提升装备总装、配套、技术服务能力。

海洋可再生能源利用装备：提升适合各种类型海上风电场施工安装专用装备的制造能力，加快 5 兆瓦以上海上风电机组及配套设备的研发和产业化。积极开发海上风电永磁发电系统、海洋浮式风力发电系统、大容量储能系统等新产品以及海洋潮汐能、波浪能和潮流能发电装备。推进海洋能源综合集成利用，加快研发海岛可再生能源独立电力系统设备。

海水利用装备：提高海水利用装备国产化水平，积极研发日产 10 万吨以上海水淡化设备、循环冷却及海水脱硫成套设备，延伸海水利用装备产业链条。

第五节　政策措施建议

一　建立资源有序开发机制

全面开展渔业资源调查，健全渔业资源调查评估制度，研究制定渔业资源利用规划。开展渔业资源监测和评估，重点调查濒危物种、水产种质等重要渔业资源和经济生物产卵场、江河入海口、南海等重要渔业水域。大力加强渔业资源保护，严格执行海洋伏季休渔制度，积极完善捕捞业准入制度，控制近海捕捞强度，加强濒危水生野生动植物和水产种质资源保护，建设一批水生生物自然保护区和水产种质保护区，严厉打击非法捕捞、经营、运输水生野生动植物及其产品的行为。

二　加大科技创新支持力度

以国家科技重大专项、战略性新兴产业重大项目等为载体，积极推进企业创新能力和创新团队建设，形成高层次科技人才的梯队集聚。加大对产业示范基地、船舶出口基地、国家重点实验室以及企业技术中心建设的支持，加快形成创新能力。推动装备制造企业、科研院所和有关高校合作，鼓励装备总体设计企业、总装企业、配套单位以及主要用户建立多元战略联盟，促进相关技术研发与合作。对未来型绿色船舶、重大首制海洋工程装备、核心配套系统等有利于产业高端化发展的科技创新项目，进一步强化政策性资金支持。建立海洋产业发展专项基金，鼓励各类创业投资基金投资小微型海洋科技企业。

三　促进产业组织结构优化

创新渔业组织形式和经营方式，鼓励渔民以股份合作等形式创办各种专业合作组织，引导龙头企业与合作组织有效对接，培育壮大渔民专业合作社和海洋渔业龙头企业。推进企业兼并重组，鼓励优势船舶、海洋工程装备、海洋化工等企业引进战略投资者，充分利用企业的资金、技术、管理、市场、人才优势，通过合资、合作、产权流转和股权置换等多种形式实施兼并重组。对企业并购贷款及兼并重组有关费用予以补助，依法办理土地使用权变更手续以及被分流职工纳入社会保障体系等事项。

四 加强行业标准制定工作

充分发挥标准制定在海洋产业发展中的基础和保障作用，密切科技研发与标准制定的结合，加强基础性技术、关键共性技术、重大战略性产品等领域标准化工作，完善海洋资源开发与综合利用、海洋生态与环境保护等标准体系，加快建立邮轮游艇、休闲渔业等涉海服务标准体系，提升海洋产业标准化水平。活跃企事业单位标准化活动，推动企事业单位建立自己的业务和产品标准体系。在适应国际新规范、新公约、新标准要求的同时，积极参与国际标准的研究和制定，特别是在新兴技术领域超前部署标准化工作。强化海洋组织机构和工作人员的标准管理意识，加强行业标准的宣贯、实施和监督检查力度。

五 引导产业和企业走出去

按照优势互补、互利共赢的原则，发展船舶等产业的技术、装备和规模优势，以多种方式"走出去"，特别是要加强与周边国家及新兴市场国家的投资合作，优化产业布局，消化国内产能。积极承接国外油气开发项目，带动国内海洋工程装备及船舶技术、装备、产品、标准和服务等出口，打造"中国海工"国际品牌。促进海洋装备骨干企业与国际知名制造公司、工程总承包商、专业设计公司及中间商合作，引进吸收国际先进技术和理念，提高前期设计能力和工程总承包能力，逐步提高市场知名度。鼓励支持国内企业建立远洋渔业基地和远洋渔业产业园区，在远洋渔船更新改造、自捕水产品补贴、远洋企业用地用海等方面给以优惠政策支持。鼓励多层次、多渠道、多方式的国际科技交流与合作，引进海外工程总承包管理人才、研发团队领军人才和高水平复合型人才。

第四章 "十三五"海洋服务业转型升级研究

海洋服务业是指生产或提供各种服务的海洋领域经济部门及各类涉海企事业的集合，是为海洋经济提供保障服务的产业。

从现行统计大类分，海洋服务业主要包括海洋交通运输、滨海旅游和海洋科研教育管理服务业与其他海洋相关及涉海服务业。其中，海洋交通运输业是指以船舶为主要工具从事海洋运输以及为海洋运输提供服务活动，包括海洋旅客运输、沿海旅客运输、远洋货物运输、沿海货物运输、水上运输辅助活动、管道运输业、装卸搬运及其他运输服务活动。滨海旅游业是指以海岸带、海岛及海洋各种自然景观、人文景观为依托的旅游经营、服务活动，主要包括海洋观光游览、休闲娱乐、度假住宿、体育运动等活动。海洋科研教育管理服务业是指开发、利用和保护海洋过程中所进行的科研、教育、管理及服务等活动，包括海洋信息服务业、海洋环境监测预报服务、海洋保险与社会保障业、海洋科学研究、海洋技术服务业、海洋地质勘查业、海洋环境保护业、海洋教育、海洋管理、海洋社会团体与国际组织等。

第一节 发展基础与条件

一 对海洋经济增长贡献不断增加，但总体规模还不大

"十一五"以来，海洋第三产业保持10%以上的高速增长运行态

势，除 2009 年受国际金融危机影响较大以外，增速均显著高于同期 GDP 和海洋产业增加值增速。2011—2014 年，海洋第三产业占海洋生产总值的比重逐年上升，分别为 47.1%、47.8%、48.8% 和 49.5%，对海洋经济增长贡献不断增加。其中，海洋交通运输业、滨海旅游业发展较快，不仅是海洋服务业的核心组成部分，而且在中国主要海洋产业中的比重也较高。

尽管中国海洋服务业增加值占海洋生产总值比重近50%，占国内生产总值比重也接近 4.7%（2014 年数据），但从总体看，海洋服务业的发展规模仍然较小，与"海洋强国战略"的目标还相去甚远。与发达国家相比，仍有较大提升空间。

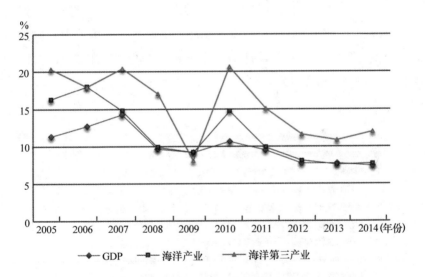

图 4 - 1　2005—2014 年 GDP、海洋产业、海洋第三产业增速变化

二　内部结构出现积极变化，但高端领域依然比较落后

随着人民收入和生活水平的快速提高，滨海旅游业快速发展，在海洋服务业中的比重逐年提升，从 2005 年的 23.38% 提高到 2014 年的 29.95%。邮轮、游艇、休闲渔业等新型业态规模迅速扩大，海洋文化节庆活动精彩纷呈，优秀海洋文化作品不断涌现，助推了海洋旅

游业的发展。海洋经济发展对海洋科研教育管理服务业需求增加，促使海洋科研教育管理服务业较快发展。2014年，海洋科研教育管理服务业增加值首次超过1万亿元，达到10455亿元，比上年增长13.3%。

但新兴海洋服务业培育发展不足，缺少能对海洋新能源、海洋生物产业等新兴战略性产业形成有效支撑的产业。海洋服务业态仍停留在传统服务业，竞争力不强，附加值较低，业态仍然以实体服务居多，虚拟知识类技术服务较少，同时相关通信技术、交通、安全系统、娱乐设施等的科技含量不高，等等。比如，旅游业中滨海旅游仍然是主体，深度海洋旅游发展不足，不同海域在产品形态上以"洗海澡、吹海风、观海景、吃海鲜"的大众海洋观光和低端海滨度假为主，以海水浴场为主体的发展模式在北方沿海省份十分普遍；涉海法律、金融、保险、咨询、设计等高端海洋服务业领域仍然较为落后，服务业态仍处于低端水平。

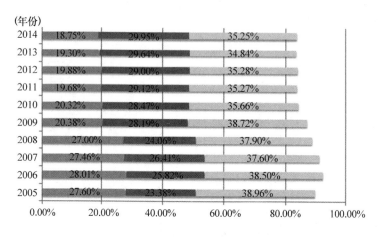

图4-2 2005—2014年交通运输、滨海旅游、
科研教育管理服务业占海洋服务业比重变化

三 区域特色初步显现，但同质化竞争现象比较严重

中国沿海省市各有不同的区域特色，海洋服务业也初步呈现特色鲜明的发展格局。各地海岸线长短、特征不同，海洋文化、风俗习惯也不同，初步呈现了各具特色的发展态势。

但中国海洋服务业布局不合理，区域产业同构性强，各省市之间发展不平衡、不协调，服务内容单一且同质化严重，缺乏核心竞争力，区域特色没有得到充分利用，没有形成差异化的发展格局。沿海各地纷纷出台相关政策发展海洋经济，临海产业加速集聚，不少沿海地区经济发展规划先后纳入国家发展战略，抢夺资源的现象时有发生。同类海洋服务内容还在扎堆出现，导致目前海洋服务业领域的投入产出比不太理想，重复建设导致的资源浪费现象普遍存在，区域特色不明显。这主要是因为海洋第一产业、第二产业同构性明显造成的，同时也有中国海洋服务业创新能力不足的原因。

四 国际地位不断提升，但产业竞争力还不强

以海洋运输为例，尽管自改革开放以来，随着中国对外贸易的强劲增长，海洋运输业也呈现出不断扩张态势，海洋运输总量表现出明显的增长趋势，国际市场占有率也逐年增加，海洋运输服务业相对发达。

但是，从内部结构看，基于海洋运输发展起来的现代航贸业发展不足。比如，2014年，上海港口货物吞吐量居全球第一，港口国际集装箱也居全球第一。但航运主导的运输主要是由国内企业驱动，并没有成为一个国际中转站和服务中心。上海港货物的国际中转比例只有约10%，而新加坡是60%，其他国际航运中心最低水平也有40%。能否为其他国家提供转运服务是衡量该港口国际化程度高低的重要标志，而一个国际化中心将引领产业集聚与发展。同时，与世界上重要的航海运输通道和岛国相比，中国海洋运输业的增长还是相对比较温

和的。与美国、日本、德国等世界贸易大国类似，虽然中国是沿海贸易大国，但并不处于海上交通枢纽的关键地带，在海洋运输业方面所具有的资源禀赋优势并不明显。

五 产业发展环境不断完善，但体制机制改革仍迫在眉睫

党的十八大提出建设海洋强国的战略目标，为海洋服务业加快发展指明了方向，全面深化改革和依法治国的深入推进，将为海洋服务业大发展提供更宽松的环境和坚实保障。近年来，国务院相继批复《山东半岛蓝色经济区发展规划》《浙江海洋经济发展示范区规划》《广东海洋经济综合试验区发展规划》，批准设立了舟山群岛新区和横琴岛新区，标志着中国海洋经济进入全面布局、加速发展的新阶段。《全国海洋经济发展"十二五"规划》《服务业发展十二五规划》均明确指出，将紧扣海洋经济发展战略部署和要求，加强陆海统筹，不断拓展服务领域，提升服务层次和水平，积极发展海洋交通运输、海洋旅游、海洋文化、涉海金融、海洋公共服务等产业。

但也要看到，目前制约现代海洋服务业发展的体制性障碍依然存在。一是知识产权保护等软件建设不足。中国目前在知识产权方面的法律法规执行不力，而海事工程等设计工作需要严格的知识产权保护。这让伦敦、奥斯陆等地的知名设计公司无意来中国开设分支机构。其他软件建设，比如法律、经商环境、人才、生活环境等，也都是重要的软件基础。二是风险管理机制缺乏。中国海洋经济及海洋金融整体处在初步发展阶段，对风险的认识以及处置仍然不完善。海洋经济和海洋金融是非常专业且国际化的，其融资需求规模巨大、资金占用时间长、投入周期长，如果没有完备的风险处置机制，将无法有效应对海洋产业的景气循环周期。三是海洋服务业产业政策政出多门，管理多头。海洋行政部门、海事部门以及各地方政府都有一定的政策制定权和管理权，这就导致了部门之间利

益难以协调的局面。不同地区、部门的政策制定者往往会从本地区、本部门的利益出发制定相关政策，这就容易导致政策缺乏系统性和协调性。

第二节 发展机遇与挑战

一 国际经济的调整与复苏为中国海洋现代服务业发展带来契机

从国际形势看，中国海洋现代服务业正面临着前所未有的发展机遇。国际金融危机以来，世界海洋经济正加速由"工业经济"转向"服务经济"（主要包括服务投资、服务贸易、服务外包），包括邮轮、游艇、融资租赁等的世界海洋服务业发展势头迅猛；一批基于新技术、新管理方式、新经营模式而形成的新兴海洋服务业崭露头角，并发挥日益重要的作用。国际金融危机的爆发使得世界经济进入深度调整时期，国际经济实力此消彼长，一方面中国传统海洋产业受到严重影响，另一方面却出现了新一轮生产要素优化重组和加快产业转移的契机，海洋现代服务业成为全球产业转移的新兴领域，这给中国主动承接国际服务业转移、加快发展现代服务业提供了难得机遇。把握时机，将实现中国海洋经济尤其是现代服务业的重大突破。

二 国内经济发展进入"新常态"为中国海洋现代服务业发展带来契机

从国内经济发展形势看，经济发展新常态的实质是中国经济发展进入高效率、低成本、可持续发展的中高速增长阶段，是经济增长速度从高速增长转为中高速增长、经济发展动力由要素驱动和投资驱动向创新驱动转变的状态，同时也是中国海洋产业加快发展、海洋经济加快调整提升的关键时期。中国正由工业经济向服务经济转型，加快发展海洋服务业将对加快经济结构调整和经济发展方式转变具有重要意义。可以说，中国正处在服务业全面加快发展并成为经济增长主要动力的阶段，发展海洋服务业正迎来前所未有的机遇。再加上"一带一路"倡议的提出，为中国进一步加快海洋服务业发展带来了新的契机。

三 发达国家积极布局发展海洋服务业对中国原本欠发达的海洋服务业带来更大的竞争挑战

发达国家海洋经济发展方式正由二产为主向三产为主转化，海洋产业结构、就业结构、投资结构中服务业所占比重不断上升。美、欧、日、韩等国家和中国香港、台湾地区海洋服务业正加速向中国内地扩张和转移，积极抢占中国海洋服务业市场。特别是在海洋交通运输业领域，已给中国培育发展现代海洋产业带来一定的挑战。

四 国际政治环境复杂多变对中国发展海洋服务业带来诸多变数

当前，我们仍然处在后金融危机时期，全球经济复苏态势还未稳固，美国持续推进"亚太再平衡"战略，日本、菲律宾等国抢夺中国海洋领土，争端短期难以解决，受此影响，中国海洋服务业的开发开放面临诸多不确定性。全球气候变化、地质灾害和渤海湾生态脆弱、环境容量有限、海岸带地区开发、人口增加加剧了海洋环境压力，也会给中国海洋服务业带来不利影响。

第三节　国外海洋服务业发展的经验

海洋服务业是贯穿于整个海洋经济的核心产业之一，是海洋竞争力的主要体现。世界上许多发达国家都积极发展海洋服务业，并取得了全球瞩目的成绩，对中国海洋服务业转型升级具有一定的借鉴意义。

一 英国——借助国际金融中心优势大力发展综合性涉海金融产业

伦敦海洋经济的服务业仍然居于全球统治地位。从航运业和航运物流业看,英国伦敦并不是国际海运中心;但从航运服务业看,伦敦是世界上最强的国际海事金融中心。2012 年伦敦为全球提供了近40% 的船舶经纪服务,而纽约和新加坡则仅为 14% 和 7% 。伦敦的船东保赔协会为全球提供了 62% 的海事保险业务。伦敦商业银行为全球提供了 400 亿美元的船舶融资,约占全球份额的 10% 。

伦敦的优势主要体现在法律和金融、政府和海事行业之间良好的沟通机制上。一是英国有丰富的海事遗产,其中最重要的是海洋法律体系,伦敦海事仲裁在全球占据统治地位。2012 年间,伦敦海事仲裁协会裁决了全球 650 件海事纠纷案例,香港仅裁决了 136 件案例,纽约仅裁决了 100 件案例,伦敦的优势非常明显。二是伦敦是国际金融中心,更是全球海洋金融中心,形成了一个完备的问题处置系统。作为全球领先的金融城市,伦敦有利于航运公司就近使用由世界一流金融业者所提供的专业服务。伦敦作为全球性的国际金融中心,资金在这里聚集、配置,金融服务已经成为一个产业集聚,金融与服务的可得性及完备性具有非常强的国际竞争力。伦敦致力于在海洋金融领域形成一个完备有效的问题处置体系。三是伦敦海洋经济与金融产业具有强有力的行业协会支持。伦敦海事促进署拥有 120 多家机构会员,基本囊括了伦敦从事海洋经济和海洋金融的主要机构。伦敦海事促进署在产业发展中发挥了重大的作用。

二 挪威——发挥高端制造优势延伸产业链打造高端服务业

挪威海洋经济主要由造船业、海洋油气业、海洋工程装备制造业和现代海洋服务产业组成,是世界主要的海洋油气关键设备供应商和安装服务商,在全球海洋产业供应链中具有举足轻重的地位。挪威也是国际海洋高端服务业的重要基地,其优势领域包括船舶融资、保险、经纪和港口服务。海洋金融是其海洋经济支柱之一，奥斯陆是全球海洋金融中心之一，拥有众多国际性的海洋金融机构。相对于综合性的海洋金融中心伦敦，奥斯陆的规模较小，但专业性更高，服务更尖端。

挪威之所以在海洋高端服务领域傲视全球，其主要原因是挪威整个国家海洋经济产业紧凑、上下游联系紧密。挪威围绕渔业、造船、航运等传统海洋经济优势领域，积极引导发展油气产业和配套服务业，比如海工设备及服务，使产业链得以延长、产业链附加值得以实质提升、产业链的国际化程度得以深化，从而夯实了海洋经济产业的金融服务需求基础。特别是海洋经济是一个全球化的业务，金融服务的发展也是全球性的，这使得挪威在海洋金融领域同样具有明显的竞争力。以海工设备出口为例，挪威海洋金融部门可以提供传统银行信贷、出口信贷及担保、债券、股权融资、PE 以及 MLP（有限合作基金）等金融服务，挪威海洋金融等专业服务占海洋经济比重高达 20%，仅次于钻井平台与船舶。在金融机构体系中，形成了以银行机构为主、保险与再保险、证券、投资银行等共同发展的格局。比如，DNB 是挪威最大的金融服务集团，其船舶融资、海洋能源融资等业务居世界前列，并在渔业、航运、物流等方面具有一定优势。

三　新加坡——注重产业集聚发展和产业发展重点领域

新加坡国土狭小，海洋经济则体量巨大、竞争力极强，在国际海洋经济中占有重要的一席。新加坡是国际航运中心之一、世界炼油中心之一、世界海工中心之一，在浮式储油卸油装置、半潜式平台、自升式钻井平台的建造领域是世界领导者。新加坡围绕其最具优势的海洋工程业，形成了设计、建造、研发、法律服务、金融服务乃至教育、培训等全套海洋服务业产业链。新加坡金融、法律、物流、信息、船舶注册、培训等产业成熟，其中，海事仲裁和船舶注册是最有代表性和竞争力的海洋服务业,新加坡是三大国际海事仲裁中心之一;在海洋金融方面,新加坡有成熟的资本市场和良好的市场环境,全球主要海洋金融机构均在此设立分支机构。

新加坡在海洋服务经济发展过程中,一是打造高度的产业集群。在完整的海洋经济产业链中,各个链条上的企业不断聚集,上下游产业协同发展,实现了利益共享、风险共担,降低了成本,刺激了整体成长。这种集聚效应最明显的反应体现在新加坡最具优势的海洋工程业上,围绕该行业形成了设计、建造、研发、法律服务、金融服务,乃至教育、培训等全套的产业链条,每个链条上都集聚了大量国际领先机构,带来了高素质海工人才的聚集。这种集聚效应使海工产业获得了极大的商业便利性,包括融资便利及可得性;综合服务,如保险、法律、会计的便利可得性;接触客户的便利性;高素质员工的可得性等,这成为新加坡海工产业成功的最重要因素之一。二是根据不同阶段的实际情况选择优势领域重点突破。例如,作为传统的港口,新加坡首先发展贸易和航运;其后,借助马来西亚、印度尼西亚、菲律宾、越南等国的油气资源和马六甲海峡的战略位置,发展炼油业,成为国际炼油中心;20世纪70年代后,应海洋开发的大趋势,积极发展海工产业,并融合新加坡国际金融中心功能,完善海洋经济的金融支持,形成国际海洋金融中心。

第四节 总体思路与发展目标

一 总体思路

紧紧抓住国家"一带一路"建设和发达国家和地区海洋服务业加速向发展中国家转移的契机,适应经济发展新常态,以加快转变发展方式为主线,以深化改革开放为动力,进一步巩固传统海洋服务业,积极拓展高端海洋服务业,大力发展新兴海洋服务业,营造法治化、便利化发展环境,促进海洋服务业向产业链高端延伸,优化产业发展布局，加快提升海洋服务业核心竞争力。

二　发展目标

到2020年，中国海洋服务业规模进一步扩大、结构显著优化、布局更加合理、产业竞争力快速提升、改革力度进一步加大，加快建立以海洋服务业为主导的现代海洋产业体系。

——总量规模进一步扩大。海洋服务业增加值年均增长10%以上（考虑到"十二五"时期海洋服务业年均增速达12.3%，中国"十三五"时期服务业增幅将持续维持高位）。到2020年，全国海洋服务业总值达5.4万亿元以上（按照10%的增速测算）。

——结构进一步优化。海洋旅游和港口物流等特色产业优势更加突出，海洋文化创意、研发设计、涉海金融、融资租赁等新业态成为海洋服务业的新增长点，海洋公共服务业不断完善。到2020年，海洋生产性服务业与制造业统筹发展格局初步形成，海洋新兴服务业成为海洋服务业发展的新亮点。

——布局进一步合理。海洋服务业布局向长江三角洲、珠江三角洲和环渤海城市群的重点区域进一步集聚。到2020年，形成一批区域特色突出，协同发展与错位发展并重的海洋服务业发展格局。

——海洋服务业技术含量进一步提高。海洋信息体系、海洋专业标准体系初步建立。沿海5个国家级新区海洋高端服务业率先崛起，建成面向全球的国家海洋技术交易市场，形成海洋服务业科技创新高地。

——涉海产业相关规制进一步完善。涉海服务业体制机制障碍基本理顺，相关法律法规不断完善。到2020年，一系列产业规制、产业政策初步完善，形成与国际接轨、有利于现代海洋服务业发展的体制机制。

表4 – 1   2020年中国海洋服务业主要产业发展目标测算

	测算基数	"十三五"预计增速	2020年
滨海旅游业	8882亿元（2014）	13%—15%	1.8万亿—2.0万亿元
交通运输业	5562亿元（2014）	10%—12%	1.0万亿—1.1万亿元
海洋文化业	4530亿元（2012）	12%—15%	1.1万亿—1.4万亿元

注：1. 滨海旅游业、海洋交通运输业基数为2014年，增速按照"十二五"平均增速测算。

2. 海洋文化业基数为2012年，增速按照《粤桂琼海洋文化产业蓝皮书（2010—2013）》测算。

第五节 发展重点与主要任务

一 推动海洋交通运输业向综合海洋物流服务业转型

（一）选择依据

进入20世纪90年代以后，世界贸易高速发展，与之相关的行业包括国际运输业发展迅猛，市场竞争日趋激烈，大量的运力投入大大超过贸易量的增长。随着贸易交货方式的多样化，运输方式也趋于多样化，对于一个大客户来说，货物的交付方式不能仅局限于海运，还需要航空运输、铁路运输、公路运输等方式，通常的港口交货已不能满足货主的需要。由于客户的需要日益多样化，这就对国际航运企业一贯借以生存发展的纯海洋运输提出了挑战。为满足客户的需要，航运企业自身的服务重心也不得不由原先的纯海洋运输逐渐转移至多式联运的门对门服务，而且还必须全面有效地控制货物送达的时间和提高服务的质量。20世纪70—80年代，发达国家的不少先进企业认识到把物料管理与实体分配结合起来管理，可以大大提高企业整体收益，于是提出了综合物流的概念。到80—90年代，企业将综合物流的内涵和外延进一步扩大，包括了原材料的供应商和成品的分销商，形成了供给链的概念。由于综合物流服务将货物空间位移中的各种便利寓于为客户提供的全方位服务之中，通过全面介入客户的经营，保证企业供给链正确地运行，有效地降低物流总成本，其一出现就受到了广大货主的青睐和欢迎。同时，综合物流服务的提供者通过对运输、仓储和配进等各物流环节的控制和管理，将实现远高于单纯从事运输或仓储服务的整体效益，给企业带来更高的利润率。

国际上，自20世纪70年代开始，就有国际班轮公司开始进入物流，作为全球知名的国际航运企业，铁行渣华、马士基、日本邮船等敏锐地洞察到了航运企业的发展方向，成功地迈进了综合物流服务领域。经过几十年的逐步发展，它们的综合物流服务已经形成了相当的规模，在网络建设、信息技术、管理水平和人才储备等方面已经积累了相当的优势。

综合物流系统是在集装箱多式联运基础上产生和发展起来的。其特征是货物从发货人的生产流水线上下来，装入集装箱，经过陆上运输到港口集中，再从海上运输转向内地陆上运输线，最后到达客户手中。其实质是以集装箱多式联运为核心，中间包括仓储、装卸、搬运、包装、流通加工、配送和货物信息跟踪等多个环节，以真正实现货畅其流，并在一定系统资源投入下，为用户提供最好的服务。

航运企业由于受海洋运输单一性及市场恶性竞争引发的运价大跌、利润大幅下降的影响，发展情况不容乐观。因此中国的航运公司在经营自己的传统业务的同时，必须寻求新的发展方向，以应付日趋白热化的竞争，提高公司的经济效益，保持并增强公司活力。

因此，综合物流服务与海洋运输相结合的战略一经产生，便得到了广泛的承认和应用，航运企业唯有向综合物流服务方向发展，才能彻底摆脱由于受海洋运输单一性影响而导致的底气不足。

从海洋运输走向综合物流，是国际航运企业发展的大方向，也是中国航运企业迎接现实挑战实现持续发展的必由之路。提供增值物流服务，航运企业可以摆脱由于现代航运技术日益先进所带来的逐步削减的海洋运输服务的差异性，在更广泛的基础上建立自身的核心业务优势。

航运企业的业务范围前向延伸，可保证货源的稳定性。发展与集装箱运输企业密切相关的综合物流运输正是充分利用这些既有硬件设施的捷径。航运企业的业务经营范围的扩大，使企业形成了规模经济，降低了经营成本，也成为运输企业营运利润的一个新的增长点。

（二）主要任务

——围绕制造业需求，建立以港口为依托的物流基地，扩大增值服务的广度和深度。积极调整港口布局，优化岸线配置，控制建设节奏，发挥规模优势。以上海、天津等主要港口及内陆中心城市为主，适时将各地的场站、仓库改建为综合物流中心，建立物流服务枢纽，进一步扩大物流服务规模，提高区域综合物流服务水平。充分利用港口优势，以传统的装卸和储存功能为依托，扩大产品增值服务的范围，提供诸如货物包装、贴标签、散件组装、修理、退货处理及简单性加工等方面的增值服务。

——围绕国家对外发展战略，拓展物流服务范围，建立物流联盟和全球性的物流服务网络。加快实施"开边拓洋"战略，开辟北极航线，拓展东北出海口，构建西南陆海联运出海口，建设印度洋航运停泊及补给基地。建立完善、密集的全国性的物流服务网络，联结国内外各物流服务网点，形成遍布全国、覆盖世界的综合物流服务网络，根据客户的要求，通过先进的技术手段，迅速、准确、安全地提供全球化物流服务。

——围绕产业发展需求，完善疏港交通体系，构建一流的海洋交通基础设施。优化运输结构，发展港、铁、航、陆多式联运，实现各种运输方式的无缝对接，构建现代综合运输体系和国际物流网络体系，使港口与腹地的连接更加便利。主动对接"一带一路"建设，加快内陆无水港和物流园区建设，拓展无水港布局，扩大港口运输服务辐射范围。

二 培育海洋旅游业向高端化、国际化发展

（一）选择依据

海洋旅游是一个较宽泛的概念，是以海洋为旅游场所，以探险、

观光、娱乐、运动、疗养为目的的旅游活动形式，是以当地的海洋资源、海洋文化、海洋娱乐、海洋运动、海鲜饮食和拓展海洋知识等形式来完成的旅游方式，海洋旅游本身就是最具开发潜力的海洋新兴产业之一。海洋装备制造、海洋新兴产业的发展为海洋旅游提供了必要的基础条件。

国际金融危机之后，海洋旅游业增长幅度呈"V"形发展趋势，和其他海洋产业类似，也将继续面临结构调整的挑战。当前，中国海洋旅游内部结构变化不断加快。在海洋旅游方式上呈现出多元化、个性化、参与性强的特点；海洋旅游呈现出以放松身心、陶冶情操为主的休闲化趋势；在海洋旅游空间的变化上，呈现出从海滨游发展到海上游，进一步延伸到海底游的立体发展演变格局；在海洋旅游产品上呈现出观光游、休闲游、生态游、文化游等多类型、多样性的特点。引发海洋旅游变化的原因首先来自于经济发展人均收入增长，为出游提供了物质基础；闲暇时间增加为人们出游提供了时间保证；旅游休闲观念的变化使人们将旅游作为生活方式的一部分；交通等旅游设施的建设使旅游更加便捷而舒适；海洋多层次开发使海洋旅游有了更丰富的内容，为人们出游提供了更多选择。

近年来，国际邮轮市场逐渐东移，催生了中国邮轮港口的大发展，中国多个沿海城市依托优越的地理位置及旅游资源发展邮轮经济，自北向南已经建成或者正在建设五大邮轮母港：天津、青岛、上海、厦门和三亚。其中上海、天津、厦门、三亚均已建成大型国际邮轮（旅游）母港，每个港口设计接待能力都超过年50万人次以上，远期规划总体接待能力超过560万人次，均可停靠14万吨级或以上吨级邮轮。

同时，随着经济社会的发展，极地旅游、三沙旅游和无居民海岛旅游等新兴旅游方兴未艾。根据国际南极旅游业者协会（IAATO）最新统计，2013—2014年度，中国登陆南极的游客人数已达3367人，仅次于美国和澳大利亚。2013年10月3日，海南海峡航运股份有限公司旗下"椰香公主"号邮轮于从海口秀英港码头出发，前往西沙海域永乐群岛，三沙旅游运营正式开启。2009 年国务院提出推进海南国际旅游岛建设，将海南打造成为世界一流的海岛休闲度假旅游目的地，积极稳妥推进开放开发西沙旅游，有序发展无居民岛屿旅游。2013 年 12 月，国家海洋局与国家旅游局签署了《关于推进海洋旅游发展的合作框架协议》，将联合启动海洋旅游示范区建设的创建工作，适时推出一批全国海洋旅游示范县、示范岛和示范景区；支持一批重点海洋旅游景区发展成为具有较高国际知名度的精品旅游景区等。

（二）主要任务

——积极推动传统海洋旅游业融合发展。引导海上旅游企业集约化、规模化发展，开发完善海上观光、休闲、娱乐、演艺、婚庆、会议等游船旅游产品。充分利用海洋历史文化资源、国防资源发展海洋文化旅游，促进涉海节会发展。引导发展海洋主题演艺产品，促进婚庆与旅游的融合。进一步推动海洋体育产业发展，结合各级涉海体育赛事的承办，发展参与性强的海洋体育和休闲运动项目，广泛开展群众性海洋体育活动。挖掘、整理海洋美食文化，推进海洋餐饮业高端化、国际化发展。

——大力培育邮轮游艇等海洋旅游新兴领域（亚洲游艇交易中心）。统筹规划邮轮游艇港口（码头）建设，进一步明确港口（码头）布局和功能区分，避免一哄而上、资源浪费。鼓励改造建设客货共用码头或简便实用客运中心，配套完善、现代的出入境联检设施和充足的游客候船区，不鼓励盲目建设邮轮（游艇）母港（码头）和地标性建筑。加快制定国内统一的邮轮游艇码头设计规范，在资源节约型和环境友好型的原则指导下确定码头设计高度和宽度的统一技术参数以及联检厅的规模设计参数。深入推进上海、天津一南一北两个母港城市建设"国家邮轮旅游发展实验区"，进一步给予国家邮轮旅游发展实验区外资准入和扩大开放、税收优惠和费用减免、金融和信贷支持、通关便利和边检简化、购物退税和内陆联动等五项改革实验政策。

——应用现代技术提高海洋旅游的开发和利用效率。加快将云计算、大数据等新一代信息技术应用到海洋旅游资源开发和产品管理、旅游市场开拓等方面，实行以旅游目的地为整体的计算机信息及预订管理系统，利用计算机预订系统销售和推广产品，各旅游企业信息与资源共享，客源互送，减少季节性带来的损失，提高经济效益。利用地理信息系统（GIS）的空间分析功能提供多种旅游动态信息并进行预测，如景区环境质量变化、客源市场的时空变化、实现最佳旅游路线查询，为相关部门的管理者在进行旅游管理、决策规划时提供有力的信息支持。利用全球定位系统（GPS）为海洋科学考察、海岛海底探险等旅游提供定位信息，增加安全性。

——统筹布局优化海洋旅游区域格局。进一步支持海洋旅游业区域特色发展，特别做大做强以大连、秦皇岛、天津、青岛为中心的环渤海湾滨海旅游带，以上海、连云港、宁波为中心的长三角滨海旅游带，以广州、深圳为中心的珠三角滨海旅游带，以福州、厦门、泉州为中心的海峡西岸滨海旅游带，以海口、三亚为中心的海南滨海旅游带。要根据不同发展阶段选择不同的发展模式，综合考察旅游资源的分布情况、区位交通与市场条件、旅游产品开发导向、城市中心的依托与带动效力以及区域间的合作基础与发展潜力，通过整合和合理的空间集聚，区域形成旅游格局。进一步支持海南国际旅游岛建设。

三 推动海洋文化产业与其他产业融合发展

（一）选择依据

中国既是一个陆地大国，也是一个海洋大国，中国文化是由内陆文化和海洋文化组成的文化多元体，中华文明是大陆和海洋共同孕育的世界最古老的伟大文明之一。中华民族世世代代跟海洋打交道，从史前的石器时代至今，中国沿海居民创造了海洋捕捞、养殖、制盐、航海、商贸、审美等丰富灿烂的海洋文化，并留下了诸如贝雕遗址等大量海洋文化遗产。中国沿海居民早在西汉时期就与外国人有贸易和文化交往，他们同来自四海的商人做生意，同来自五洲的海客交朋友，进而开辟了海上丝绸之路、陶瓷之路、茶叶之路、香料之路、白银之路通往世界各地。元朝末年汪大渊撰写的《岛夷志略》一书，记载的华商所到达的国家或地区的名称竟有220多个。

海洋文化本身就是特色文化，中国沿海居民依托海洋自然及资源的独特优势开发和利用海洋，他们的生活、生产习惯和社会风俗都和大海息息相关，其文化是沿海社会群体的物质生活、精神生活与文化风貌的集中体现，承载着沿海人民的价值取向和审美情趣，具有宝贵的社会价值、艺术价值、经济价值和文化传承价值。中国文化圈被誉为世界上最早出现的大型文化圈，它的幅员包括了整个东亚环中国海地区，因此海洋文化对中国文化整体的发展繁荣具有重要的对内支撑作用和对外拓展作用。海洋文化建设要着眼于"文化竞争力"和"软环境"的改善，提升"文化生产力"。发展海洋文化产业有利于深入挖掘和阐明海洋文化的时代价值和开拓进取的海洋观，有利于在全社会形成关注海洋、热爱海洋、保护海洋的浓厚氛围，不断为建设海洋强国注入精神动力。

2014年，文化部、财政部联合印发了《关于推动特色文化产业发展的指导意见》（以下简称《意见》），这是对党中央关于发展特色文化产业、国务院关于推进文化创意和设计服务与相关产业融合发展精神的具体落实。《意见》的出台将更好地推动特色文化产业健康快速发展，同时也意味着中国海洋文化产业的春天到来了。

《意见》指出，到2020年，应基本建成海洋特色鲜明、重点突出、布局合理、链条完整、效益显著的海洋文化产业发展格局，形成若干在全国有重要影响力的海洋文化产业带，建设一批典型的、带动作用明显的海洋文化产业示范区（乡镇）和示范基地，培育一大批充满活力的海洋文化市场主体，形成一批具有核心竞争力的海洋文化企业、产品和品牌。海洋文化资源得到有效保护和合理利用，海洋文化产业产值明显增加，吸纳就业能力大幅提高，产品和服务更加丰富，在促进地方经济发展、推动城镇化建设、提高生活品质、复兴优秀传统文化、提升文化软实力等方面的作用更加凸显。

（二）主要任务

——以海洋文化包装旅游产业。针对海洋旅游产品普遍缺乏创意，开发深度不够，缺少个性与特色，质量粗糙、品种单一等问题，依托各地独特的自然禀赋和人文资源，以丰富的文化内涵和厚重的文化底蕴做支撑，挖掘独特的具有浓郁地方特征的地方文化、传统文化、民俗文化，包装精品名牌，让海洋旅游产品承载当地的历史文化内涵，以饮食文化、民俗文化、宗教文化、商海文化、渔业文化、军事文化等独具特质的海洋地域文化来包装开发独特的滨海旅游产品，提高产业层次和附加值。

——促进海洋文化与创意融合。扶持发展创意设计、文艺创作、影视制作、出版发行、动漫游戏、数字传媒等海洋文化创意产业，打造一批海洋文化创意产业示范园区和项目，大力实施海洋文化精品工程和品牌战略，发展壮大海洋文化与创意产业。创作推出一批海洋舞台剧、影视剧、文学作品等，积极推动海洋文艺精品营销。建设一批艺术村落、创意渔村，以及休闲、娱乐、体验的海洋生态园区。

——打造海洋文化品牌。充分利用海洋、海岛、民俗、渔业和非物质文化遗产资源，扶持一批大型海洋文化企业，支持海洋文化申报世界文化遗产项目。发展海洋工艺美术产业。建设一批特色海洋文化产业园区，加强海洋工艺美术品专业村镇规划建设；扶持一批海洋工艺美术龙头企业，研发一批海洋工艺美术精品。发挥工艺美术人才高度集聚优势，融合海洋元素。

四　着力打造高端涉海金融服务业

（一）选择依据

发展海洋经济离不开金融的支持与助力，而涉海金融本身也囊括在海洋经济的产业之中。一方面，海洋经济的发展蕴含巨大的融资需求。各类海洋开发基础设施项目、涉海建设大型项目、船舶制造、工程装备制造、海洋药物和生物制品、渔业等，都急需大量的资金。特别是在海洋经济发展初期，港口建设、物资储备基地、与海运相配套的陆域交通运输通道、电力水利等相关基础设施建设投入和产业开发配套投入规模巨大，需要大量的资金投入。另一方面，新兴海洋业态的发展亟须推进金融创新。海洋经济与传统经济在运作模式上存在着较大的差别，过去金融机构对该领域涉猎并不多，金融产品服务和风险监控手段与海洋经济的适应性不强。同时，海水资源利用、海洋可再生能源利用等新兴海洋产业的发展尚处于起步阶段，产业链条和集群尚未形成，需要商业银行在对海洋产业充分研究的基础上，借鉴国际先进的海洋金融模式与经验，在银团贷款、贸易融资、供应链融资、金融租赁、涉海保险、离岸业务等方面加大产品创新力度和优化组合，提供适应海洋经济发展需要的产品和服务。此外，针对海洋产业周期长、风险大、收益不确定等特性，需要金融机构加强风险监控手段的创新，提升对海洋金融风险的识别、计量、监测和控制能力。

近年来，随着国家海洋经济发展战略的实施，各地政府都相继提出要大力发展海洋金融服务业，涉海金融发展迅速，体系初步形成。以航运金融为例，据不完全统计，2011年中国的银行业占全球船舶融资份额的5%，船舶制造、航运和港口类的上市企业从境内外共融资318亿元人民币，融资租赁业也有很大发展；航运保险方面，2011年货运险达97.82亿元、船舶险55.86亿元；航运衍生品交易方面，从2011年6月到2012年6月，上海航运交易所航运运价衍生品单边成交总量约2320万手，单边成交金额约1524亿元。但是，中国涉海金融发展主要集中在环渤海和长三角地区，如上海着力打造国际金融、国际航运"双中心"，天津、大连、山东、浙江、厦门等省市海洋金融发展也如火如荼。其中，宁波舟山将建成中国海洋金融试验田，宁波定位为海洋金融、航运金融、贸易金融、离岸金融机构集聚区；舟山则推进海洋金融创新，设立海洋产业投资基金、海洋银行，重点发展船舶融资、航运租赁、离岸金融等服务业态。

然而，制约中国涉海金融，特别是高端涉海金融服务业发展的因素依然存在。一是受到政策和制度的约束，海洋金融创新力度有限，主要依靠传统的融资模式，缺乏能适应现代海洋产业需要的新型融资工具和风险管理工具。二是多数金融机构对海洋经济的重视程度还有待进一步提高。海洋高技术产业所具有的高风险、高投入以及回收周期长等特点，与银行信贷追求稳定收益的目标存在矛盾，金融机构对其望而却步。三是缺乏既懂海洋产业又懂金融的高端人才。四是缺少专业化海洋金融机构。海洋经济的发展，需要许多专业化的金融机构来提供专业化的金融服务，例如船舶保险机构、政策性海洋金融机构等，缺少专业化海洋金融机构制约了我省涉海金融服务水平的提高。五是海洋金融生态环境有待进一步改善。

可见，面对海洋金融服务的巨大市场潜力，中国高端涉海金融服务业大有可为。

（二）主要任务

——以融资租赁为引擎。鼓励相关企业在上海、天津、福建自贸区和深圳前海整合海内外供应链管理资源优势，开展贸易、供应链担保、估值、融资等供应链增值服务，打造物流、贸易、金融一体化运作平台，构建亚太供应链管理中心。探索建立深港跨境融资租赁资产交易中心，打造具有国际影响力的融资租赁产业发展基地。

——加快建设若干涉海金融中心。在上海、天津、厦门等沿海经济发达地区积极培育涉海金融保险市场，加快上海自贸区、天津自贸区、平潭综合实验区两岸涉海金融保险创新合作，改善涉海融资保险结构，优化涉海金融保险生态环境，稳步有序开展促进海洋服务外包产业发展的涉海金融保险服务工作。争取伦敦、新加坡和香港等地航运金融和保险机构在国内开设分支机构。积极吸引外资航运金融、法律和保险机构地区总部、业务总部、主报告行等落户。

——创新发展金融服务业态。探索建立面向中小微型涉海企业的专业金融机构,推进现有金融机构业务转型,服务海洋经济发展。开展已投运各类船舶和在建船舶抵押贷款、预付款保函等金融业务,鼓励金融机构适当放宽航运企业建造或购置船舶的贷款额度与自有资金比例。开展涉海技术专利权、涉海工业产权等涉海非实物资产抵押贷款业务。发展海域使用权抵押贷款、渔业权抵押贷款等涉海金融产品,探索岸线使用权抵押融资方式。开展水产养殖互助保险试点和远洋渔业的政策性保险,探索建立大宗水产品出口保险制度。探索推动适合海洋服务外包产业业态的多种信用增级形式,深化延伸对海洋服务外包产业配套服务的信贷支持。积极通过各类涉海债权融资产品和手段支持海洋服务外包企业。

——建立港深、台海涉海金融合作平台。推动福州、厦门两岸区域性金融服务中心建设,推动深圳、香港联合打造跨境融资租赁资产交易中心,促进闽台、港深金融机构双向互设、相互参股,打造资本对接平台。逐步放宽对台贸易和投资相关政策,促进直接通汇的进一步发展。支持平潭综合实验区在大陆证券业逐步扩大对台资开放的过程中先行先试,支持台湾金融机构在平潭设立经营机构,逐步发展海峡两岸银行离岸金融业务和创新金融业务,对现行开通的海上直航配套设施建设提供融资和货币兑换等金融服务。

五 以科技服务带动海洋公共服务业发展

(一)选择依据

在人类有意识地开发海洋活动中,作为管理者的政府或官府希望通过有效性行为来实现对海洋的管理。进入 20 世纪后,这种政府的有效性海洋管理行为上升为"海洋公共服务",因此,"海洋公共服务"是人类海洋社会实践与海洋发展的"自适应"过程,是政府海洋管理理念与发展模式的转变与重塑。

新中国成立以来,特别是近几年,中国海洋事业取得了举世瞩目的成绩，逐步由海洋大国向海洋强国迈进，海洋行政管理体制正在经历一场深远、全面的改革，这场改革必然对海洋发展产生深远的影响。面对新形势，《国家海洋事业发展"十二五"规划》明确提出"沿海地区社会经济的发展和人民生命财产安全的保障，迫切要求海洋事业提高检测预报、防灾减灾等公共服务能力"。《全国科技兴海规划纲要（2008—2015年）》则是从政策层面对海洋科学技术发展的政府公共服务提出了要求，国务院颁布的《海洋环境保护法》从法制层面对海洋环境保护措施加以规定。党的十八大提出"推动政府职能向创造良好发展环境、提供优质公共服务、维护社会公平正义转变"，政府开始将自身的角色定位在"服务者"上，并将转变政府职能提上议事日程。国家"十二五"规划强调"更加注重以人为本，更加注重全面协调可持续发展，更加注重统筹兼顾，更加注重保障和改善民生，促进社会公平正义"。

由于海洋事业的发展对社会经济的影响越来越大，政府海洋管理的任务越来越繁重，急需完善海洋管理体制，变革海洋管理理念，有效调节人与人、人与海的利益关系，促进人海和谐，确保人们在海洋利益上的公平正义。因此，海洋公共服务是人类开发海洋过程中的一种现实需要，也是海洋发展对社会经济发展的一种响应，是新的海洋发展理念下对海洋管理模式的新定位。

由于公众海洋利益需求多种多样，必然要求公共组织提供的海洋公共服务内容也相应丰富多彩。海洋公共服务的内容根据性质可分为有形产品（如海洋公共基础设施，海洋科技产品等）和无形产品（如海洋法规制度、海洋公共政策）两大类。根据不同公共产品的非竞争性和非排他性程度可分为纯海洋公共产品和准海洋公共产品。纯海洋公共产品具有完全的非竞争性和非排他性，主要包括：一是海洋公共政策类，如海洋法规、海洋政策、海洋行政管理体制等；二是海洋公共安全类，如海防、海洋权益、国际海洋事务等；三是海洋基础服务类，如海洋科学技术研究、海洋基础设施、海洋教育等。准海洋公共产品具有不完全的非竞争性和非排他性，主要包括：一是在性质上近乎纯公共服务的准公共产品，如海洋环境、海洋产业相关的公共设施、海岛公共卫生、海岛社会保障等；二是中间性准公共产品，如国民海洋教育、海洋信息服务、海洋生态修复、海上交通安全、海洋电力设施等；三是性质上近乎私人产品的准公共产品，如海上通信、有线电视、海水淡化等。以上这些公共服务的内容既有纯公共产品，也有私人公共产品，还有部分准公共产品，实践中那些具有准公共物品性质的混合公共产品更符合人们的现实需求。

（二）主要任务

——加快发展海洋信息服务业。以创新、融合为动力，加快突破海洋产业发展瓶颈，培育发展海洋信息服务业，全面提升海洋产业信息化水平。加快海洋信息技术研发、推进"数字海洋"工程，加大海洋经济监测与评估系统建设力度。建立海洋空间基础地理信息系统，积极开展海洋生物资源及矿产资源勘探定位、海洋工程维护、海洋综合调查与测绘、海洋教育、海洋科普与文化传播等新兴服务业。大力发展涉海信息服务研发平台，新建一批海洋信息技术方面的工程（技术）研究中心、工程（重点）实验室、科技成果转化基地、企业技术中心。

——促进海洋科技研发及其服务业向社会开放。应立足于为传统海洋产业升级转型和海洋新兴产业发展提供技术转移服务。在完善标准体系建设和服务机构的基础上，加强对社会和企业的主动对接，推动涉海检验检测认证服务发展。进一步落实"科技兴海"战略，推动创业孵化服务业发展。研究推动海洋知识产权服务发展。以满足一般公众、专业人员对海洋知识、海洋科技等的需求，推动科技咨询服务、科学技术普及服务业态发展。要立足各类涉海示范基地和示范区，建立区域性海洋综合科技服务平台。

——推动海洋公共事业产业化。研究推进海洋调查与测绘、海洋信息化和海洋标准计量、海洋渔业和海上交通等服务的产业化，提高海洋公共服务的保障能力，提升海洋公共服务质量和水平。

第六节　政策措施建议

一　抓紧培养海洋服务业相关人才

一是完善人才吸引机制，在海洋重大工程、重大项目，加大人力资本支出的比例，让从事海洋服务业的高端人才能够过上物质上、精神上比较体面的生活，吸引更多的精英从事海洋服务业。二是完善海洋服务人才培养机制，加大海洋教育投入，调整和优化海洋高等院校学科和专业设置、课程体系和教学内容，完善海洋继续教育培训制度，鼓励海洋相关专业毕业生到基层台站、远洋船舶和偏远海岛等一线地区和艰苦岗位实习与工作，在实践中培养人才。三是明确海洋服务人才的培养重点，大力培养一批海洋旅游、物流、涉海金融等现代海洋服务业发展的高素质人才，以及海洋服务业所需的专业人才和管理人才，实现海洋服务业人才国际化。

二　建立多元化的海洋服务业金融支持体系

一是增加各级财政对海洋服务业的投入，特别是对海洋教育、海洋科技投入的增长幅度高于财政收入的增长幅度。重点支持公共实验平台、重大科技攻关项目、重大基础设施的建设。二是加大政策性银行、商业银行对于海洋服务业的授信额度，并给部分贷款贴息。鼓励金融机构加大对高端海洋服务业的支持力度，支持符合条件的相关企业通过上市、发行债券和中期票据、合资等方式筹措资金。三是大力发展天使投资、风险投资、创新基金，支持社会资本参与天使投资，建立健全天使基金的风险管理、项目组织、专家评审、盈利退出模式以及激励约束机制。政府出资设立的创业风险投资引导基金，与国内外实力雄厚和经验丰富的创业风险投资机构一起，发起设立创业风险投资基金，以引导投资、带动贷款，分担风险、分享收益为原则，引导社会资金对海洋科技型企业进行股权投资，带动商业银行贷款。建立中小企业信用担保体系，为海洋高新技术中小型企业提供融资担保服务。

三 打造若干特色鲜明的海洋服务集群

突出海洋服务业发展的区域性特点，引导各地错位发展，形成独特优势。合理布局海洋服务业，打造海洋服务集群，加快形成以港口物流、滨海旅游、海洋科技与教育、海洋文化、涉海金融等为主的海洋服务业集群，引导企业资金、技术、人才等要素向服务业园区集聚。充分发挥上海、天津、福建等自贸区优势，打造海洋服务业发展高地。在山东、广东、天津、浙江等海洋服务业发展基础较好的地区建立海洋服务集群，错位发展，形成独特优势。岸外岛屿较多的海南、浙江、江苏等省份可参照新加坡、日本、印度尼西亚等国经验，发展独具特色的岛群经济，建设旅游岛和港口等。

四 建立适应产业发展的制度环境

加快完善高端服务业法律法规体系，及时清理制约海洋服务业发展的不合理法规，加快制定和完善促进海洋服务业发展的规章制度。政府对航运服务业集群内各行业的行业政策要具有同步性和相互适应性，协调好航运服务业集群内的行业分工、协作和集聚，消除不同部门之间的行政分割和障碍等。加快建立更加细化的统计指标和统计体系，定期跟踪和监测相关子行业发展形势，为制定产业发展政策提供数据支撑。

国 际 篇

第五章　国际海洋产业发展最新动向与趋势研究

第一节　全球海洋产业发展格局加快调整，海洋产业发展重点向新兴国家转移

全球新一轮科技革命和产业变革孕育兴起，将推动全球海洋产业发展深刻变革。世界各国根据自身资源禀赋优势加快调整本国海洋产业布局。发达国家凭借本国资本和技术的优势，不断提高海洋产业的技术含量，向资本密集型产业转移。在这一背景下，一些新兴国家抓住海洋产业转移给本国带来的发展机遇，利用本国的廉价劳动力和强大的市场需求优势，加快发展海洋相关产业。这主要表现在三个方面：其一是海工装备制造业向亚洲转移，韩国和中国等亚洲国家利用劳动力成本的比较优势海工装备制造业发展迅速。在全世界范围，从市场占有份额来看，中国、韩国、日本的造船产量已经占到世界市场份额的 75%，韩国的钻井船占国际市场的 80% 左右。其二是以中国为代表的亚洲各国成为世界海洋渔业发展的佼佼者。2011 年，亚洲水产养殖的产量占世界总产量的比重为 89%，中国、印度、越南、印度尼西亚、孟加拉国和泰国等国家成为海产品的主要供给国。其三是世界海运贸易向发展中国家转移。亚洲成为世界最重要的装货区和

卸货区。世界物流中心正在向亚太地区转移，2012 年全球 10 大集装箱港中，中国占了 7 席，全球港口货物吞吐量排名前 10 大港口中，中国占了 8 席。

　　除此之外，世界海洋经济出现了一些新的产业，发达国家还没有形成稳定的领先优势，新兴国家抓住这一历史机遇进行弯道赶超，加快这些新兴产业的发展。海洋可再生能源产业就是一个很好的例子。尽管以英国为代表的欧洲发达国家在海洋可再生能源发展方面已经走在世界前列，但这些国家在海洋可再生能源产业的发展上还处于试验和示范的初始阶段，世界各国都还有很大潜力发展海洋可再生能源产业。事实上，中国、韩国和日本抓住海洋可再生能源的发展机遇，经过近些年的发展，已经成为技术比较领先的亚洲国家，也表现出广阔的发展潜力，在未来将成为国际海洋可再生能源的有力竞争者。

　　另外，有一些海洋产业在新兴国家市场需求大，在强大市场需求的支撑下，这些产业也开始向新兴国家倾斜。例如，在中东地区和一些岛屿地区，海水淡化水在当地经济和社会发展中发挥了重要作用，在这些地区具有强大的市场需求。因此，阿联酋、沙特、以色列、新加坡和日本海水淡化产业都有较大发展。中国一些地区的严重缺水也给海水淡化产业带来了发展机遇，到 2015 年，中国海水淡化产值接近 300 亿元，产能超过 220 万吨/日。

第二节　海洋技术创新步伐加快，创新驱动
日益成为海洋产业发展的主要力量

　　科技是第一生产力，创新是引领发展的第一动力，技术创新对于具有资本密集型和技术密集型双重特征的海洋经济的发展尤为重要。海洋的自然条件更加恶劣多变，这就决定了海洋经济对技术的要求比陆域经济对技术的要求更高，海洋经济的技术密集性特征更强，海洋高新技术在现代海洋经济中扮演了关键角色。因此，世界各国在发展

海洋经济过程中尤其重视技术创新，在 21 世纪的海洋产业发展中，海洋技术创新步伐加快，创新驱动日益成为海洋产业发展的主要力量。这主要体现在以下三个方面：

首先，主要沿海国家在发展海洋传统产业，促进传统产业提质增效的过程中，争先加大技术创新研发力度，提升深加工技术，拓展产业链，打造本国海洋品牌，逐步占领了下游市场，以下游市场的软实力带动上游市场的强大需求，进而形成本国海洋传统产业的核心竞争力。以远洋捕捞业的南极磷虾为例，挪威在南极磷虾的加工、新产品开发、市场开拓、科学研究、实用技术开发和设备制造等各个环节投入了大量的资金，并与国内的大学和科研机构合作提升南极磷虾的资源利用深度与广度，正是在创新驱动的发展背景下，挪威超过了发展较早的日韩等国成为捕捞与加工技术的世界领先者。

其次，海洋新兴产业高度依赖高新技术，尤其需要创新驱动在国际竞争中占据有利位置。各国在以海洋生物技术、新材料技术、新能源技术和海洋工程装备技术为代表的新一代海洋高新技术上取得了诸多重大突破，有效促进了本国海洋新兴产业的发展。日本最初的海洋生物医药产业远远落后于欧美各国，但为了改变这种弱势地位，日本在 1988 年就设立了海洋生物技术研究院，并投资 10 亿日元建立了两个药物实验室。目前，日本海洋生物技术研究院及日本海洋科学和技术中心每年用于海洋药物开发研究的经费为 1 亿多美元，为日本海洋生物医药产业的发展提供了充裕的资金保障。经过 30 多年对技术创新的孜孜追求，日本的海洋生物医药产业成功逆转了过去的弱势地位。

最后，海洋服务业要提高对海洋生产的服务支撑和满足海洋消费人群的高品质服务要求，也必须提高技术含量，以创新驱动海洋服务业转型升级。海洋交通运输业需要技术创新减少运输成本提高运输效率，涉海金融服务业需要不断创新金融服务方式满足日益增长的海洋经济活动的需求，而海洋旅游业尤其需要创新休闲娱乐模式和提升旅游项目新奇度来满足旅游者的各种消费需求和猎奇心理,并拉开与其他国家的同质化竞争。

第三节　海洋产业新增长点不断涌现,海洋产业结构升级态势明显

世界海洋经济经过半个多世纪的发展,海洋传统产业由于需求的限制,发展潜力接近饱和,而部分产业在技术进步和需求的强势支撑下,不断要求提高技术含量,加大投资,增加供给,成为海洋产业新增长点,海洋产业结构升级态势明显。以中国为例,2014年,中国海洋生物医药业和海水利用业等新兴产业全年增加值均实现了两位数增长,成为海洋产业的新增长点。其中,海洋生物医药业全年实现增加值258亿元,比上年增长12.1%;海水利用业全年实现增加值14亿元,比上年增长12.2%。而海洋渔业的增长率仅为6.4%,甚至低于同期GDP增速。

具体来看,这些海洋产业新增长点主要集中在海洋新兴产业,主要包括以下产业:(1)海工装备制造业。随着人类经济活动在海洋上的渗透和对海洋资源的深入开发和争夺,世界各国对海工装备的需求开始逐渐增多。而技术进步使得海工装备制造业能够生产出高性能,能应对海上各种风险的船舶和其他海洋装备设施,21世纪海工装备制造业进入飞速发展时期,在未来几十年里都将保持高速增长。(2)海洋生物医药产业。两个方面的原因导致了海洋生物医药产业的发展。其一是"疑难杂症向海洋要药",需要在海洋寻找在陆地上缺乏的拥有许多药用价值和具有特殊活性的海洋生物。其二是随着各国居民收入水平的提高,人们越来越重视自身健康,这导致了海洋医疗保健产品需求的旺盛。(3)海洋可再生能源产业。化石能源的不可持续导致人类将面临能源危机,而化石能源燃烧所带来的空气污染和全球气温升高也迫使世界各国急切需要寻找替代的绿色能源。在开

发替代能源的过程中，海洋可再生能源引起了世界各国的关注：全球海洋能储量巨大，海上的风能资源丰富，非常适合大规模开发，同时海上风电场具有临近对能源需求较高的主要港口城市的地理优势，可以避免陆上风电开发需要长线路传输的问题。（4）海水利用业。海水利用业的发展主要是因为全球陆地水资源的污染和短缺，迫使世界各国需要向海要水，来满足内陆城市的用水需求。另外技术进步导致海水淡化成本的降低对于海水利用业的发展也至关重要，这使人类大规模使用海水淡化技术生产淡水成为可能。（5）海洋旅游业。海洋旅游业成为各国的海洋产业新增长点主要源于需求的扩大，特别是高端旅游市场的扩大，这与各国居民收入的快速增长息息相关。

第四节 主要海洋大国之间围绕海洋产业制高点的竞争加剧

陆地资源的有限性和人类经济活动向海洋的延伸使世界各国认识到海洋经济对本国经济发展的重要性，也纷纷加入开采和竞争海洋资源的行列。在这一国际背景下，主要发达国家纷纷制定出台促进海洋产业发展的重大战略和计划，努力抢占新的国际竞争制高点。这主要表现在"一个基础，两个产业"。

"一个基础"是指海洋科技基础。科技是第一生产力，海洋科技是海洋新兴产业的重要基础，海洋科技对海洋经济的发展和海洋产业转型升级至关重要。基于此，主要发达国家纷纷制定出打造本国海洋科技基础的重大战略和计划，投入大量的科技人才和资金，以此提高本国的海洋科技水平，为海洋产业发展服务。

"两个产业"是指海洋油气业和海洋可再生能源产业。能源是工业发展的动力，世界所有国家的经济发展无一例外都建立在能源的持续消耗基础上。正因为如此，能源成为制约各国经济发展的重要因素，世界各国要扼住经济命运的咽喉，就必须解决现有能源供给的有限性和稀缺性，或不断开采新区域的传统能源资源，或寻求可再生的替代能源。鉴于陆地资源的有限性和开采接近饱和，世界各国将主要目光集中在海洋，纷纷加大海洋油气业的开采，同时实施发展海洋可再生能源产业的重大战略。

专栏1　世界发达国家发展海洋科技的重大战略和举措

美国

2007年公布的《21世纪海上力量合作战略》，被视为美国相对完整的一项海上力量发展战略。在充分吸收与归纳海洋科技界、管理界、海洋产业界等各界对美国海洋经济发展的意见与观点后，同年发布了《规划美国今后10年海洋科学事业：海洋研究优先计划和实施战略》。

英国

2007年英国自然环境研究委员会（NERC）批准了7家海洋研究机构的联合申请，启动了名为"2025年海洋"（Ocean 2025）的战略性海洋科学计划。NERC将在未来5年（2007—2012年）向该项计划提供大约1.2亿英镑的科研经费。2025年海洋科学计划中的"海洋基金提案"将允许英国各大学及其合作伙伴申请经费。

加拿大

2005年，国家颁布了《加拿大海洋行动计划》，加强海洋科技发展是其中的重要组成部分。该计划指出，政府必须为海洋技术发展和实现产业化创造良好的宏观环境。为此，加拿大政府采取了诸多措施：制定了海洋技术和产业发展路线图；建立了海洋科学和技术方面的共同组织，以实现技术创新及信息方面的共享；充分发挥政府采购在促进海洋新技术产业化方面的重要作用。

澳大利亚

1999年澳大利亚出台了《澳大利亚海洋科技计划》。该计划的主要目标是：更好地开展科技创新活动，合理开发、管理海洋资源，确保海洋生态可持续发展；了解和预测气候变化趋势；指导可持续海洋产业的发展；更好地了解海洋环境、生物、矿产及能源资源；为澳大利亚科技界、工程界提供一个重点突出、行动协调的（短期和长期）工作框架，促进科技合作，提高合作成效。

2009年澳大利亚出台《海洋研究与创新战略框架》，旨在建立更加统一协调的国家海洋研究与开发网络，将参与海洋研究、开发及创新活动的所有部门协调起来，包括政府部门、研究机构及涉海企业等，以充分挖掘海洋资源，为社会经济发展服务。其中提出了发展海洋观测、建模与预报，发展海洋科技，促进技术转移等多项政策措施。

韩国

2011年6月7日韩国国土海洋部报道，韩国在海洋科学基础建设、海洋未来尖端技术和海洋安全与环境技术领域共选定11个发展未来海洋科技的重点项目，并为此加大经费投入，促进相关技术的研究开发。选定项目如下：（1）海洋科学基础建设项目，包括水中无线通信系统开发、下一代深海无人潜艇开发、5000吨大型海洋科学探测船建造、海洋科学综合基地及南极第2基地建设；（2）海洋未来尖端技术项目，包括海洋生物能源开发、海洋溶解资源提取与开发、二氧化碳海洋捕集与封存技术；（3）海洋安全与环境技术项目，包括下一代船舶交通管理系统（u-VTS）、搅乱海洋生态生物控制技术开发、海洋生态系统长期研究。

专栏2　世界海洋油气业发展和竞争的趋势和动向

海洋油气的勘探和开发具有高投入、高回报的特点。海洋油气的开发价值主要由供求关系、开发成本和油价等因素决定。经过长期的勘探开发，全球陆地上重大油气发现的数量已越来越少，规模越来越小。同时，在高油价刺激下，石油公司纷纷将目光转向探明程度还很低的海洋。最近十几年全球大型油气田的勘探实践表明，陆上油气资源已日渐枯竭，60%—70%的新增石油储量均源自于海洋，其中又有一半是在500米以上的深海。

20世纪70年代到21世纪初，在世界海洋石油产量中，北海海域石油产量及其增长速率一直居各海域之首，2000年产量达到峰值的3.2亿吨，随后逐渐下降；波斯湾石油产量缓慢增长，年产量保持在2.1亿—2.3亿吨；而墨西哥湾、巴西、西非等海域石油产量增长较快，年均增长率超过5%，其中墨西哥湾已经超过北海，成为世界最大产油海域。

从区域看，海上石油勘探开发形成三湾、两海、两湖（内海）的格局。"三湾"即波斯湾、墨西哥湾和几内亚湾；"两海"即北海和南海；"两湖（内海）"即里海和马拉开波湖。其中，波斯湾的沙特、卡塔尔和阿联酋，墨西哥湾的美国、墨西哥，里海沿岸的哈萨克斯坦、阿塞拜疆和伊朗，北海沿岸的英国和挪威，以及巴西、委内瑞拉、尼日利亚等，都是世界重要的海上油气勘探开发国。其中，巴西近海、美国墨西哥湾、安哥拉和尼日利亚近海是备受关注的世界四大深海油区，几乎集中了世界全部深海探井和新发现的储量。

世界海洋油气业发展的另外一个方向是对北极的激烈争夺，主要原因是北极地区蕴藏着极具经济和战略价值的丰富资源。据俄罗斯和挪威等国的估算，北极地区的原油储量大概为2500亿桶，相当于目前被确认的世界原油储量的1/4；北极地区的天然气储量估计为 80 万亿立方米，相当于全世界天然气储量的 45%。另外，据 2008 年美国地质勘探局发布的评估报告估算，北极总的石油和天然气资源达到 4121 亿桶石油当量，其中 78% 是天然气或天然气水合物。根据美国地质勘探局的保守估计，北极拥有的世界未开发传统石油和天然气总量约占世界全部未开发石油和天然气总量的 22%，其中天然气约占 30%。

俄罗斯和美国非常关注北极大型油气田的开发。2011 年，世界最大能源企业、美国埃克森美孚公司和俄罗斯国有石油公司签署在北极地区开采油气资源的协议。2001 年，俄罗斯率先提出对北极的领土主张，2008 年 7 月，俄罗斯总统梅德韦杰夫签署法令，下令俄罗斯国有企业开采北极石油。2013 年 1 月俄罗斯总统普京表示，俄将在核动力破冰船的基础上继续全面发展高科技造船业，为开采北极油气资源提供保障。2 月普京签署《俄罗斯在 2020 年前北极地带发展战略》更是对此进行了强化。俄将制定相应措施，支持这一地区的油气等矿产资源开采，俄罗斯还准备成立北极地区石油天然气区块储备基金，旨在保证国家能源安全，保证 2020 年传统区块开采量下降后能源系统的长期发展。印度计划建立南亚次大陆和中亚地区的油气管道，届时通过俄罗斯的帮助，印度将很容易接入来自北极地区的油气。

专栏 3　世界发达国家实施海洋可再生能源的重大战略和举措

美国　2010 年 4 月，美国能源部下属的可再生能源实验室发布了《美国海洋水动力可再生能源技术路线图》。路线图给出了至 2030 年美国海洋能源发展愿景。

美国	该路线图从愿景、部署方案、商业战略、技术战略和环境研究 5 个方面阐述了美国未来 20 年海洋新能源的发展路径和方案。在商业战略、技术战略和环境研究部分，详细阐述了实现 2030 年愿景的步骤和时间节点，其中技术战略部分又细分为波浪设备研发、海流设备研发和设备测试等子路线图。 2011 年 2 月初，美国出台了《国家海上风电战略：创建美国海上风电产业》，主要目的是通过技术革新降低海上风电的成本，并以更加高效和先进的规划推动海上风电行业的发展，以确保美国在海上风电领域的领先地位。
欧洲	2010 年 10 月欧洲科学基金会（ESF）发布了《海洋可再生能源》报告。欧洲 2050 年的海洋能源愿景：到 2050 年，欧洲电力需求的 50% 将由海洋能源提供。此愿景是基于权威部门的预测而形成的，这些预测包括：1. 到 2030 年欧洲近海风力发电可以满足欧洲 12.8%—16.7% 的电力需求；2. 到 2050 年，可再生海洋能源可满足欧洲 15% 的能源需求。对于海洋能源发展的预测取决于对欧洲及全球未来状况的判断：1. 全球化石燃料价格；2. 欧洲整体经济形势；3. 欧洲能源政策行动（例如核能政策、可再生能源政策）及目标；4. 海洋能转化技术的发展潜力。

2004 年 4 月，英国政府首次公布了《年度能源白皮书》，鼓励使用可再生能源，并提出要在 2020 年前，使国内可再生能源需求比例达到 20%。同年 8 月，英国政府设立了 5000 万英镑的专项资金，重点开发海洋能源。同月，世界上首座海洋能量试验场——欧洲海洋能量中心在奥克尼群岛正式启动。

英国政府 2010 年 3 月发布了《海洋能源行动计划 2010》，旨在描绘英国海洋能源领域 2030 年愿景。行动计划由 5 个工作组共同完成：技术路线图，环境、计划与批准，财政与基金资助，基础设施、供应链与技能以及潮差，海洋能源开发面临的各种挑战。

英国

该行动计划中阐述了英国海浪及潮汐技术 2030 年的发展愿景，总共可分为 4 个阶段，分别是：真实条件的实验、小规模阵列、大规模阵列和工程扩建。其中 2015 年之前又可划分为第一代发电系统，2015—2030 年可划分为第二代和第三代发电系统。

除此之外，英国能源研究中心 2009 年 5 月发布了《英国能源研究中心海洋（波浪、潮汐流）可再生能源技术路线图》。

该路线图给出了英国海洋能源研究中心 2020 年发展远景，海洋能源的开发过程可分为 6 个阶段。根据该路线图，英国潜在海洋能源到 2020 年的装机容量可以达到 1000—2000 兆瓦。

2005 年 10 月爱尔兰通信、海洋和自然资源部发布了《爱尔兰海洋能源》战略。该规划旨在改变爱尔兰可再生能源单一依靠风能的现状。主要内容包括：1. 明确了海洋可再生能源在国家战略中的地位；2. 评估了爱尔兰的波浪能、潮汐能和海流能的开发潜力；3. 结合各种能源的优缺点和成本，得出爱尔兰未来将发展以波浪能为主的海洋能源；4. 为爱尔兰未来 10 年的海洋能源发展制定了路线图。

爱尔兰

该战略对 2005—2016 年爱尔兰海洋能源的发展进行了总体规划。共分 4 个发展阶段：2005—2007 年示范开发阶段；2008—2010 年前期商用设备开发阶段；2011—2015 年前期商用规模开发阶段；2016 年之后正式进入商业开发阶段。

加拿大的海洋可再生能源在全世界电力市场中具有很强的竞争力，1984 年建成了世界上第一个 22MW 级潮汐发电站。为保持加拿大在该领域的领先地位，2011 年 11 月，加拿大海洋可再生能源组织（OREG）公布《加拿大海洋可再生能源技术路线图》（*Canada's Marine Renewable Energy Technology Roadmap*），提出了 3 个目标、6 种技术途径和 5 个促进条件。3 个目标：（1）到 2016 年海洋可再生能源发电量达到 75MW，2020 年达到 250MW，2030 年达到 2000MW，实现 2 亿美元的经济效益；（2）在全球海洋可再生能源技术解决和服务项目中维持领先地位，2020 年市场占有率达到 30%，2030 年达到 50%；（3）到 2020 年成为世界上集成化、水

加拿大

加拿大	电转换系统领域的最强开发商。6 种技术途径：（1）积极推动加拿大技术和经验的发展和推广；（2）继续推进加拿大既有设施项目发展；（3）充分利用先机优势确保国际市场的领先地位；（4）发展关键技术，寻求能广泛应用于加拿大的技术；（5）充分利用其他领域的技术和经验，结合现有优势和经验，创造新的商业机会；（6）建立海洋可再生能源领域标准操作程序和操作指南，引领技术发展。5 个关键促进因素：（1）建立并发展产业技术孵化器，促进研究技术和技术经验迅速转换为经济成果；（2）加强关键技术关键设备的创新；（3）促进交叉领域的技术转化，充分借鉴现有的技术，将传统技术和经验应用于海洋可再生能源领域；（4）建立海洋可再生能源领域的标准作业程序；（5）巩固和发展加拿大的市场地位，以国内带动国际，强化系统解决方案，挖掘加拿大在国际市场的需求。

第五节　绿色低碳环保成为海洋产业发展
新的主题

海洋产业是陆地产业的延续，是人类在陆地发展受限的情况下面向海洋的开拓战略。因此，世界各国在发展海洋经济时既重视对新资源的开发利用，也重视在陆地经济发展过程中所吸取的经验教训。陆地经济开发的最大特点是对化石能源的开发。自全世界进入第二次工业革命以来，世界各国对化石能源的依赖尤为加剧。但化石能源是一把"双刃剑"，在助推世界各国经济腾飞的同时，也给世界带来了一系列不可逆转的恶劣影响。首先，化石能源的不可持续注定了如今全球经济生产方式的不可持续，全球经济发展需要转变发展方式。每一次的石油危机都给全球经济带来了灾难性的影响。能源价格高涨一直是悬挂在人类头上的达摩克利斯之剑，威胁着人类的生存和发展。其次，化石能源燃烧带来的全球气温升高和环境污染，给人类的生存环境带来了严重的破坏。进入 21 世纪以来，一次又一次的生态环境破坏所带来的灾难给人类敲响了警钟。基于此，进入 21 世纪后，绿色、低碳、环保成为海洋产业发展新的主题，这主要体现在以下几个方面。

首先，世界各国纷纷大力发展环境友好型的海洋产业，这些产业不仅不会污染海洋环境，甚至还能在发展过程中兼顾到治理海洋环境的目的。具体而言，这种趋势主要表现在各国海洋产业转型升级过程中海洋服务业的快速发展。比如，发达海洋国家借助本国的金融优势推进涉海金融业的发展，而很多新兴国家已经将海洋旅游业作为本国的重要产业，采取一系列包括海洋环境治理的措施来推动本国海洋旅游业的发展，以吸引世界观光旅客。

其次，在有些海洋产业的发展上，更多国家注重可持续发展和可再生利用。最能体现这一点的是，以英国为代表的主要沿海国家利用本国海域海洋能储量和海上丰富的风能资源，大力发展海洋可再生能源产业，有效降低了海洋生产的碳排放，也实现了能源的可再生利用。除此之外，在发展海洋传统业时，世界各国也开始重视有序可持续生产，改变过去无序涸泽而渔的生产方式。比如，在海洋渔业上，世界各国不仅增加了海洋养殖业的比例限制，在捕捞业上也严格遵循国际公约和本国海洋法规有计划地控制捕捞强度，实现捕捞业的可持续发展。

再次，世界各国改变过去粗放型的能源利用方式。随着能源价格高涨和对碳排放的限制，世界各国纷纷改变过去在海洋产业发展过程中过度依赖能源的粗放型发展方式，不断进行技术创新以减少对化石能源的消耗。

　　最后，世界各国在加强海洋产业发展的同时，也开展了一系列海洋环境保护措施。尽管有些国家在海洋发展早期不注重海洋环境保护，但进入 21 世纪，世界各国都意识到海洋环境污染对本国海洋产业发展的负面影响，在发展海洋产业同时开始注重环境保护，甚至采取一系列措施解决过去无序开发和过度开发所带来的环境污染问题。如日本，在早期海洋经济发展中不注重海洋环境保护，不仅受到其他国家的诟病，也给日本的海洋产业带来了很多不良的影响。但在认识到危害后，日本痛改前非，后来在发展海洋经济时，采取了一系列补偿性的措施，如，日本现在更多发展高新技术，并且实施海洋循环经济战略；健全油污染防除体制、充实油污损害赔偿保障制度、加强海洋环保调研与技术开发以及对海上环境违法进行查处等。

第六章 主要发达国家海洋产业转型升级经验与启示借鉴

第一节 引言

中国海洋经济总量规模庞大，据中国海洋经济统计公报显示，2018 年，全国海洋生产总值 83415 亿元，占国内生产总值的 9.3%。然而在中国海洋经济总量稳定增长的同时，海洋产业转型升级仍显不足。以海洋生物医药产业和海洋可再生能源产业等为代表的海洋新兴产业规模太小。而海洋传统产业的发展还是依赖要素的投入，凸显出低科技含量和低附加值的缺点。更重要的是，中国海洋服务业在国际市场上处于劣势地位，中国海洋旅游业难以吸引跨境旅游者，中国涉海金融服务业在国际竞争中也处于被动发展的局面。因此，中国海洋产业亟须转型升级，中国海洋传统产业需要提质增效，而海洋新兴产业和海洋服务业需要不断提高创新能力，形成核心竞争力，在国际市场上打造高精尖的品牌企业。

由于历史和经济发展阶段的原因，中国海洋经济发展时间较短，而世界沿海发达国家早已开始大力发展海洋产业，在发展海洋经济和海洋产业转型升级过程中积累了大量的经验，因此本章通过研究国际海洋产业的发展动向，综述主要发达国家在发展优势海洋产业的做法和经验，旨在为中国海洋产业的转型升级提供一定的借鉴。

第二节　主要发达国家海洋传统产业转型升级经验

一　主要发达国家推动海洋渔业提质增效的做法和经验

与世界发达国家相比，中国的远洋渔业还处于落后状态。在远洋渔业发展中，欧美发达国家有两方面的措施值得我们学习。

（一）加强国际合作，保证远洋渔业外部环境

加强对自己专属经济区内渔业资源的管理和保护，并在国家层面上进行协议与产业发展的对话与协调，以此保证远洋捕捞的安全环境和丰富资源。为了发展远洋渔业，欧盟与其他国家达成了包括入渔、贸易以及费用等方面的许多协议，保证了远洋渔业生产的外部环境稳定。早在 20 世纪 90 年代，欧盟就与佛得角、冈比亚、赤道几内亚、几内亚、摩洛哥、塞拉利昂、马达加斯加、莫桑比克、坦桑尼亚等国家达成协议，每年要向第三国政府支付 3.5 亿美元的费用，远洋渔业发展的外部环境由此得到了保证，也促使本国渔民更放心更大胆地从事远洋捕捞，特别是放开手脚进行远洋渔业投资。事实上，中国一直存在海洋领土争端的问题，经常出现渔民远海捕捞发生冲突的现象，这不仅约束了渔民进行远洋捕捞的积极性，也大大降低了进行远洋渔业投资的热情，在这一点上尤其需要注意。

（二）提升深加工技术，拓展产业链条

提升深加工技术，拓展产业链条，打造深海产品品牌，逐步占领下游市场，以下游市场的软实力带动上游市场的强大需求。以南极磷虾为例。挪威为南极磷虾的加工、新产品开发、市场开拓、科学研究、实用技术开发和设备制造等各个环节投入了大量的资金，并与国内的大学和科研机构合作提升南极磷虾的资源利用深度与广度，进而超过了发展较早的日韩等国成为捕捞与加工技术的世界领先者。而加拿大尽管不参与南极磷虾的捕捞，但其主要专注于产业

链下游环节的发展，利用在鱼类营养学领域的领先地位，专一从事南极磷虾营养成分的研究和加工提炼，使其产品在北美、欧洲以及亚洲等地区畅销，进而在南极磷虾市场中占有一席之地，成为产业发展的重要参与者。中国现在的远洋渔业的发展还仅仅停留在远洋捕捞这一级产业链，附加值低，不利于中国远洋渔业的转型升级，进而提高国际竞争力。

二 主要发达国家推动海洋油气业提质增效的做法和经验

深海油气业具有高技术、高投入、高风险、高收益等特征，产业进入门槛较高，世界主要发达国家在海洋油气开发方面的历史相对较长，其发展经验值得我们认真借鉴。

（一）加强政府指导规划作用，自上而下推动产业发展

作为战略性能源产业，深海油气资源备受各国政府的关注，都将海洋油气业的发展放在国家战略层面，纷纷出台规划引领产业发展，自上而下推动海洋油气业的发展。美国 1968 年启动了"深海钻探"计划，至今仍未间断，现已在全球各大洋钻井近 3000 口、取芯 30 万米，成为国际地学界为时最长、影响最大的合作计划，同时确立了美国海洋勘探大国的重要地位。日本也早在 1968 年就推出了《深海钻探计划》，以政策规划引领海洋资源的开发与利用。2000 年日本政府出台了新的《综合大洋钻探计划》，由此开启了新一轮的对深海油气勘探的进程，并吸引了美国等 12 个海洋强国参与其中。

（二）加强国际合作，综合利用各种新兴技术

深海油气业具有高技术门槛，新兴技术在海洋油气业的开发中具有至关重要的作用，而各个国家在新兴技术的研究开发上各有侧重，因此必须加强国际合作，分享新兴技术，提高深海油气业的生产效率。世界各国为促进深海油气业发展不仅国际合作方式多样，而且合作领域广泛。2002 年，欧洲十五国宣布成立"欧洲大洋钻探联合体（ECORD）"，并发起了关于海洋研究钻探的深海前沿研究计划。2007

年该计划发布了研究报告《深海前沿：可持续未来的科学挑战》，对如何解决深海资源可持续利用、基础设施及关键技术等问题提出了建议，研究成果为参与国共享。新技术也在深海油气资源的勘探与开发中发挥了重要的作用。地理信息系统技术为海洋环境监测、海洋预警提供了帮助，声探测技术、光成像技术、海底原位探测和取样、海底载人或无人（遥控、自治）深潜器、水下机器人等技术，以及海洋地球物理、地球化学联合勘探等技术，目前多为美国、日本和欧洲一些国家运用到实际的深海油气开发中，并取得了良好的效果。中国从事深海油气资源开发中，技术一直是制约中国取得重大突破的主要原因，在以后的发展中，中国需要灵活运用各种国际合作方式，与发达国家进行技术交流。

第三节　主要发达国家海洋新兴产业培育经验

一　主要发达国家推动海洋工程装备制造业发展的做法和经验

中国在海工装备制造领域处于世界领先地位，但中国的海工装备发展依然存在很多问题。目前，中国还未涉足 TLP、SPAR、LNG-FP-SO 等高端、新型装备设计建造领域，尚不具备核心技术研发能力。而且，中国涉足的船舶制造及浅水海上平台制造的核心技术和关键产品主要依赖欧美生产商提供，海工装备的配套设备的本土化率比较低，每年 70% 以上需要进口，关键设备配套率不足 5%。这些都迫使我们必须向处于产业链高附加值环节的欧美国家学习。

（一）军民融合战略发展海洋工程装备

各海洋大国发展海洋工程装备制造业往往离不开它的军事目的，其海洋装备制造业往往融海洋科考、海洋开发、海军战略为一体，为其成为海洋强国奠定重要的基础，而这也反过来强有力推动了海洋工程装备产业的发展。以美国为例，美国"军民一体化"模式始于"二战"后，早期海军研究办公室大力扶持海洋学，资助了载人深潜器等海洋工程装备的研制，包括雅克·皮卡德研制的"的里雅斯特"号深潜艇、伍兹霍尔研制的"阿尔文"号深潜器等。此后随着美国国家科学基金会的成立，由海军研究办公室负责资助的海洋研究逐渐转为美国国家科学基金会为主的资助，但在支持海洋工程装备方面，特别是海洋科考船的建造和运行上更体现了美国国家科学基金会与海军研究办公室的合作关系，而且许多"二战"时留下的船也被不同程度地改造用于海洋科考。美国军民融合战略一直坚持到现在，目前美国军民融合海洋工程装备制造技术如壳舾涂一体化造船技术，最初为建造油船开发，现已被用于建造军舰；美国还成功进行了海上商业卫星发射，其海上发射系统包括由石油平台改造的发射平台，此外发展了浮岛及相关技术，研制军民两用浮岛，军事上可作为海空基地，民用上可从事海底矿产开采、海上储油、炼油平台等。

事实上，美国并不是世界唯一采用军民融合战略发展海工装备的国家，包括日本和以色列等国或采用"寓军于民"，或采用"以军带民"，带动了本国海洋工程装备的发展。军民融合战略不仅为海工装备提供了强大的资金和技术支持，还为产业发展提供了源源不断的需求，拉动产业的发展。

（二）战略转移，占领产业链高附加值环节

目前，世界海洋工程装备产业形成了"欧美设计及关键配套＋亚洲总装制造"的整体产业格局，欧美公司垄断着海洋工程总包、装备研发设计、平台上部模块和少量高端装备总装建造、关键通用和专用配套设备集成供货等领域，并垄断了海洋工程装备的运输与安装、水下生产系统安装、深水铺管作业市场，抢占了海洋工程产业链的高端市场。

欧美国家发展海洋工程装备的主要措施是占领产业链高附加值环节。海工产品需要根据客户需求及使用条件进行"量身设计"，不能大规模生产，因此，海工装备的设计成为整个链条上利润最为丰厚的环节。近年来，欧美等国逐渐退出了中低端海工产品的制造市场，转而进行高端产品的研发与设计，逐渐成为产业发展的引领者。

二　主要发达国家推动海洋生物医药产业发展的做法和经验

全球海洋生物医药产业发展较为成功的国家和地区主要包括：美国、欧盟和日本等。而其中相对突出的是美国，美国从"二战"之后就认识到海洋生物医药的重要性，从 1960 年开始政府就投入了大量的资金来发展海洋生物医药产业，并从政策上对该产业进行了扶助。相对而言，中国海洋生物医药业发展起步较晚，与这些国家存在很大差距。

欧美国家和亚洲的日本都是发展海洋生物医药产业比较成功的国家，欧美长期以来一直处于产业的领先地位，而日本在最初的海洋生物医药产业发展中远远落后于美国和欧盟，但日本后来奋起直追，海洋生物医药产业已经发展到可以与美国和欧盟相提并论。因此，相比于欧美国家，日本发展海洋生物医药产业的经验尤其值得我们学习和借鉴。

（一）加大研发资金投入力度，建立产学研联合发展机制

生物医药产业本来就是一个高度重视技术研发的产业，而海洋开发的复杂性和艰巨性使得海洋生物医药产业尤其注重技术研发，从某种程度上看，技术就是海洋生物医药产业的"生命线"。基于这点认识，同时也为了改变本国在海洋生物医药产业中的弱势地位，日本在 1988 年就设立了海洋生物技术研究院，并投资 10 亿日元建立了两个药物实验室。目前，日本海洋生物技术研究院及日本海洋科学和技术中心每年用于海洋药物开发研究的经费为 1 亿多美元，为日本海洋生物医药产业的发展提供了充裕的资金保障。

日本发展海洋生物医药产业的另一个重要特点就是建立了产学研联合发展机制，以大学、国立及公立研究机构等为中心，建立由相关

研究机构、研究开发型企业等构成的知识密集型基地，强化专利服务机构建设，促进研究成果的转化与产业化发展。

（二）加强海洋环境保护力度

海洋生物医药产业是对海洋生物等材料的研究与转化，海洋生物材料对于其生长的环境具有严格的要求，不同的光热甚至水体环境都对海洋生物的生长具有重要的影响。基于此，在海洋生物医药产业中，海洋环境保护不容忽视。早在 1986 年，日本通产省就开始实施"大规模水复兴 90 计划"，以应对日本对生物整治和废水处理技术的迫切需求。这项计划帮助许多企业建立了废水处理系统。日本的海洋生态环境调查与监测主要通过两方面来进行，即全国海域自然环境保护基础调查和众多从事海洋研究的海洋生态监测研究站的调查监测。中国拥有丰富的海洋生物资源，为海洋生物医药的发展提供了丰富的资源禀赋条件，但是，日益严重的海洋环境污染已成为海洋生物生存与发展的致命因素，也构成了中国发展海洋生物医药产业的现实威胁。

三　主要发达国家推动海洋可再生能源产业发展的做法和经验

全球海洋能现在处于预商业化示范阶段，相对于其他传统能源来说，大规模的商业化开发利用项目现在还难以实现。但全球海洋能储量巨大，其商业化前景非常乐观。目前，世界海洋能发展领先的国家是英国，无论是从发展海洋能的政策支持，还是从试验和示范来说，英国都走在世界前列。此外，加拿大、美国等大西洋沿海的美洲国家的海洋能发展也比较好，中国、韩国和日本是技术比较领先的亚洲国家。

海上的风能资源丰富，非常适合大规模开发，同时海上风电场具有临近对能源需求较高的主要港口城市的地理优势，可以避免陆上风电开发需要长线路传输的问题。因此在经济发达、人口稠密、陆地发展受约束的沿海地区开发海上风电是非常适合的。在海洋可再生能源方面，欧洲走在了世界前列，全球 90% 的海上风电集中在欧洲北部的北海、波罗的海、爱尔兰海域和英吉利海峡。在欧洲约有 6000 兆瓦的海上风电项目正在建设当中，另有 17000 兆瓦已经达成建设意向，还有 114000 兆瓦在计划当中。据估计，在未来 10 年，欧洲海上风电装机容量将增长 10 倍。英国继续保持世界领先地位，在 2012 年底，英国海上风力发电装机总量超过 2900 兆瓦，海上风电装机容量占全国的比重超过 1/3，巩固了其在海上风电发电领域的世界领先地位。

从海洋能的发展来看，中国是亚洲技术比较领先的国家，但与欧美国家，特别是英国还存在较大差距。除此之外，尽管中国的风电扮演了越来越重要的角色，但截至 2015 年，中国海上风电的装机容量占全国比例不超过 1%。中国的海洋可再生能源产业已经开始崛起，但与世界主要海洋大国相比，中国还处于初级阶段，需要向以英国为代表的欧洲国家学习发展经验。

（一）加强规划指导，提供政策和资金支持

在欧洲，不同国家政策重心有所不同，但这些国家都根据本国的不同国情对海洋可再生能源产业的发展加强了规划指导，不同程度地提供政策和资金支持。比如，英国利用 GIS 技术对海洋风能发展区域进行详细的规划，并针对整个区域开发权进行招标而不再针对单一项目来进行，采用单一的海洋许可证方式取代之前的关于海洋活动各种各样的许可。为了鼓励国内对海洋风能的使用，英国政府对使用海洋风能所发电的企业或居民免征气候税。德国为了确保海洋可再生能源产业的发展将生产成本进行了转移。2009 年《可再生能源来源法案》通过强制性政策引导生产成本分成，将生产成本向网络运营商和消费者转嫁，降低开发商的财务负担。同时，德国也通过奖励方式来鼓励海洋可再生能源业的发展，《可再生能源来源法案》规定，到 2016 年每生产 1 千瓦时海洋风能将获得 2 欧分的奖励，最高奖励不超过 15 欧分。

在资金支持方面，比较普遍的方式是设立基金来实现融资的效果，英国和德国等国家都设立有产业基金，通过提供启动资金来帮助那些无法通过市场竞争达到融资目的的可再生能源项目。以德国为例。2005年，由联邦环境部（Federal Environment Ministry）牵头，发动了由近岸风能产业、电力设施、金融业、非政府组织以及沿海州和其他联邦机构代表共同参与的"政府—私人合作项目"——"近岸风能基金"（the Offshore Wind Energy Foundation），现已经完成了在博尔库姆岛12台5兆瓦特的涡轮机的测试。

（二）加强学科间交流，注重产学研合作

海洋能的开发利用属于一项高新技术，将海洋能转化为对人们有用的电能或其他能，需要各个行业技术的配合，涉及机械、材料、土木工程、发电供电等多个学科。因此，要建立合适的组织结构，形成创新网络平台，加强学科交叉与国际交流。除此之外，学研转化为产业生产力，将研发能力转化为海洋可再生能源的发展动力，也是必需的，因此在加强学科间交流的同时，也要注重产学研，"学研"以致用。英国"SuperGen Marine"项目的成功就很好地证明了这两点在发展海洋可再生能源产业上的重要性。这一项目是由英国工程暨物理科学研究委员会资助的海洋可再生能源大型研究项目。为了满足海洋能产业化发展的需求，项目的研究领域涵盖了海洋能利用的各个方面。该项目由爱丁堡大学、斯莱斯克莱德大学、赫瑞瓦特大学、罗伯特戈登大学和兰开斯特大学等多所院校联合参与，充分利用了它们在海洋科学不同分支学科上的研究优势。同时，还有20多个致力于海洋能利用的企业和公司参与，项目研究成果很快转入实验验证并应用于工程实践中。目前，该项目已成为英国海洋可再生能源开发利用的加速器，英国海洋可再生能源产业发展的成果很大程度上依赖于该项目的成功运营。

第四节 主要发达国家促进海洋服务业发展经验

一 主要发达国家发展涉海金融服务业的做法和经验

涉海金融服务业发展良好的大多数国家和港口城市，其金融业发展也是国际顶尖水平，譬如新加坡、伦敦和纽约等。考虑到中国的港口城市如青岛等金融发展程度并不都像上海，以新加坡和伦敦为代表的国际金融中心发展涉海金融服务业的经验对中国并不太适用。挪威奥斯陆的金融业与新加坡和伦敦等国际金融中心相比虽然还有一定差距，但奥斯陆的涉海金融服务业却是全世界顶尖水平。奥斯陆是全球海洋金融中心之一，绝大部分与海洋经济相关的金融服务机构在奥斯陆都设有分支机构，同时挪威银行、北欧联合银行、奥斯陆证券交易所等成为海洋金融领域的国际性金融机构。奥斯陆海洋金融服务的竞争力十分强大，领先于纽约、新加坡、汉堡和中国香港等地，也不亚于伦敦。从这点来看，挪威发展涉海金融服务业的做法和经验值得我们学习。

（一）完善海洋经济产业集群，打造海洋金融产业链

产业集群的完善是挪威海洋金融发展的产业基础。挪威传统的海洋经济优势领域集中在渔业、造船、航运等，但是近10多年来，挪威政府积极引导发展油气产业和配套服务业，比如海工设备及服务，使得产业链得以延长、产业链附加值得以实质提升、产业链的国际化程度得以深化，从而夯实了海洋经济产业的金融服务需求基础。特别是海洋经济是一个全球化的业务，金融服务的发展也是全球性的，这使得挪威在海洋金融领域同样具有明显的竞争力。

挪威海洋金融服务产业自身具有完整的产业链。以海工设备出口为例，挪威海洋金融部门可以提供传统银行信贷、出口信贷及担保、债券、股权融资、PE以及MLP（有限合作基金）等金融服务，挪威海洋金融等专业服务占海洋经济比重高达20%，仅次于钻井平台与

船舶。在金融机构体系中，形成了以银行机构为主、保险与再保险、证券、投资银行等共同发展的格局。比如，DNB 是挪威最大的金融服务集团，其船舶融资、海洋能源融资等业务居世界前列，并在渔业、航运、物流等方面具有一定优势。

（二）坚持市场化运作，形成涉海金融服务业的内在动力

市场化运作是挪威涉海金融服务业发展的内在动力。挪威主要的金融机构，多有国有企业色彩，比如最大银行挪威银行（DNB）34% 的股权为国有，挪威出口信贷银行和挪威出口担保机构都为国有全资公司，但是，它们都遵循市场化、专业化运作原则，以真实需求作为业务的基础。同时，在机构业务安排上，有所侧重，相互补充，比如 DNB 主要给大型出口企业提供信贷支持，而挪威出口信贷银行则相对更多关注于中小企业。

（三）坚持风险管理和金融监管的统一

风险管理是挪威海洋金融发展的有力保障。挪威的银行都非常关注海洋金融服务的相关风险，并通过诸多措施来防范风险：一是通过市场化的定价机制、常态化的沟通以及公开透明的信息，来控制风险。二是买方的信用评级是信贷风险控制的一个很重要参考。三是挪威出口信贷银行更加关注客户的长期信用记录，客户选择是其成功和稳定的关键。四是挪威所有出口信贷都是具有担保的，担保机制的建立是挪威银行业信用风险控制的重要环节。五是动态、综合考虑国内监管机构的要求以及国际监管框架变化可能导致的业务不确定性及其风险关联性。

宏观审慎与微观监管是挪威海洋金融发展的基础制度框架。挪威金融管理局重点提示了几个重大的风险：一是海洋经济特别是航运业是全球性业务，资产是流动的，价格是浮动的，资产负债表风险管理难度大。二是航运和海工市场包含多个分领域，每个领域具有不同的经济金融环境。三是银行对市场条件的监测包括订单的跟踪以防止费率失衡是一个巨大挑战。四是在担保环节，银行对未来运费的理性预

测和客户的偿付能力是一个难点。五是渔业、航运和海工年度营收的波动性巨大。

为此，挪威金融管理局对此进行了有针对性的监管：一是对银行在航运、海工领域的信贷策略和信贷政策进行评估；二是对市场环境进行分析，并纳入压力测试程序之中；三是资产组合的发展评估；四是要求提供信贷担保；五是对信贷的定价进行评估，特别是防范过度的风险承担；六是要求银行有严格充分的内部和外部审计。

二　主要发达国家发展海洋旅游业的做法和经验

全球海洋旅游业产值逐年增加，成为许多沿海国家国民经济新的增长极，各国发展尽管存在明显的分化现象，但并没有改变各国在海滨旅游产业中的地位。欧美发达国家仍在海洋旅游业中占据主导地位，处于世界领先水平，而以中国为代表的亚洲国家尽管增长较快，但并未改变相对份额的排序。因此，我们需要向欧美发达国家学习发展海洋旅游业的经验。

（一）加强政府规划，有序开发海洋旅游业

随着经济的发展和旅游人群的激增，很多新型旅游地脱颖而出，尤其在海滨地区，参与旅游发展的力量也多元化了。但滨海旅游区基本分布在沿海城市的海岸线上，开发面积相对狭小，而滨海旅游也是一个有机的产业链，需要将产业链的各个环节有效地融合起来，因此单个个体或企业的自由开发可能会带来严重的负外部性，不利于沿海城市海滨旅游业的整体发展。

"二战"之后，欧洲的滨海旅游告别了无序开发的局面，进入了规划建设的时代，法国是其中的典范。1963 年 6 月 8 日，"朗格多克—鲁西永地区海滨旅游规划建设部际协调委员会"的成立是法国政府规划滨海旅游业的开始。该机构人员不多，但个个都是总理直接领导下的强将。部际委员会成立后对朗格多克—鲁西永地区的滨海进行了统一规划和部署实施，比如避免成片住宅区和分散式村屋的无序扩张，科学设计各个旅游功能组团的接待能力使其保持平衡。除此之外，法国中央政府也加入进来，他们负责大型的基建工程和配套工程的立项、设计和实施，包括基础设施建设、沼泽排水、渠道修筑、自来水管铺设、绿化等。经过国家的规划、投资和建设，原本沼泽遍布、草木丛生、人烟稀少的朗格多克—鲁西永海滨改头换面了，迅速成为新兴的旅游目的地。

（二）打造城市名片，提高滨海旅游业核心竞争力

滨海旅游业的发展与所在沿海城市的整体形象是分不开的。而城市的品牌效应将吸引更多的游客进行观光旅游，进而提高对滨海旅游业的需求。因此，推动滨海旅游业发展的第一要务是打造城市名片，使所在沿海城市成为国内甚至世界独一无二的城市，吸引稳固的客源。综观欧美发达国家，它们主要从以下几点着手，打造本国沿海城市名片。

一是依托水下文物建设旅游景点。运用现代科技手段，加大具有重大历史价值文物的保护力度，通过保护形成热度很高的旅游景点。如美国，夏威夷珍珠港当年被日军炸沉军舰的原址上，不是把军舰打捞出来，而是使用现代科技手段，在水下直接建立起供游客参观的景点，成为到夏威夷游客的必去之处。中国沿海区域也有许多水下文物，完全可以借鉴这一成功做法。

二是建设临海标志性建筑、主题性海洋风景区。世界临海国家与地区普遍重视建设临海标志性建筑，如日本下关市建设的"海峡之梦"等地标性建筑，已成为游客到该市必去的观光景点。世界若干国家建设的越来越多的以海洋为主题的景区景点，如日本大阪的海洋城等，是游客参观的热门之选。

三是在主要沿海城市打造具有国际影响力的运动赛事，发展帆船、游艇和邮轮等产业。例如，英国通过举办奥运会，使伦敦从"世界最佳旅游城市"排行榜的第八位跃居榜首。事实上，中国青岛正在利用举办奥帆赛和残奥帆赛所形成的巨大人文遗产建设帆船之都，成

为推进滨海旅游业发展的一个亮点。

第五节　主要发达国家海洋产业转型升级经验及启示

一　立足自身资源优势，实现海洋产业转型升级

从世界海洋经济发展历程来看，取得阶段性成功的世界主要沿海国家在发展各自的海洋产业时，大都秉承和遵守了比较优势的原则，立足自身资源禀赋优势积极发展海洋产业。比如美国走的"大陆立国，海洋突破"模式，主要依托其强大的陆域经济发展海洋产业，因此美国海洋经济发展主要是一些高新技术领域。日本走的是"陆海联动，全面开发"模式，日本是个典型的岛国，陆地资源极其匮乏，主要依托丰富的海洋资源，陆海联动，以大型港口为依托，以拓宽经济腹地范围为基础。新加坡走的是"以港兴市，工业为辅"模式，根据自身既是全球重要的港口、海洋性战略枢纽，同时贸易发达的特点，大力发展以航运为主，临海工业、旅游业为辅的海洋产业。中国海陆资源的相对禀赋差异与美国最为相似，因此，在发展海洋经济过程中，尤其要发挥陆地经济的带动和引领作用，注重陆海统筹促进海洋产业转型升级。

二　加强对海洋产业发展的前瞻性、战略性顶层设计

海洋产业的发展是世界各国争夺海洋权益的重要基础，受到主要海洋国家的高度重视，纷纷从国家战略发展高度制定较为全面的政策法规指导和规范海洋产业的发展。比如美国制定了《21世纪海洋蓝图》《海洋行动计划》以及海洋、海岸带和五大湖管理等政策为其海洋事业描绘了宏伟的发展蓝图，并将其转化为实实在在的行动。日本通过《海洋产业基本法》，制定《海洋与日本：21世纪海洋政策建议》和《海洋政策大纲——寻求新的海洋立国》等政策法案，提出了日本海洋领域的重点发展方向与主要问题。中国海洋产业发展也应

尽快明确总体定位和战略部署,加强前瞻性、战略性顶层设计,推动海洋经济持续健康发展,促进海洋新兴产业蓬勃发展。

三 世界领先的海洋科技与教育支撑

海洋经济的技术密集型特征较强,海洋高新技术在现代海洋经济中扮演了关键角色。因此,各国加强科技和教育投入,在以海洋生物技术、新材料技术、新能源技术和海洋工程装备技术为代表的新一代海洋高新技术上取得了诸多重大突破,支撑了海洋新兴产业的发展和壮大。比如,美国十分注重对海洋生物技术的基础学科人力资源的培养与储备,从历年的科技人力资源统计结果来看,博士学位获得者中获生命科学博士学位的人数在各基础学科中位居前列。也正是这种世界领先的海洋科技与教育的支撑,才保证了美国长期以来在海洋生物医药产业的领头羊地位。中国海洋高技术投入严重不足、高科技人才缺乏等问题严重制约了海洋产业的发展,需要重点引导人才和科研教育资金向海洋产业倾斜,建设世界领先的海洋科技与教育体系,支撑中国海洋产业的转型升级。

四 主动占领产业链高附加值环节,打造世界知名海洋品牌

世界主要海洋大国海洋产业转型升级的过程就是一个不断提高产业的技术含量,向产业链高附加值环节攀升的过程。譬如在远洋渔业的发展上,包括挪威在内的一些海洋国家就不仅仅局限于远洋捕捞这一产业环节,它们积极延伸产业链,发展深加工技术,在产品开发和科学研究方面做足文章,通过技术的复杂性打造本国远洋渔业的核心竞争力,实现传统海洋渔业的转型升级。而中国远洋渔业的发展还仅仅停留在远洋捕捞层面,产业附加值低,不适应转型升级的要求。更为重要的是,通过提高产业技术含量,占领产业链高附加值环节,形成本国海洋产业核心竞争力,有利于塑造本国海洋品牌形象。而海洋品牌的塑造反过来又可以促进海洋产品在国际市场上的竞争力,提高

产品利润，进而提高海洋产品附加值，形成一种良性循环。因此，推进中国海洋产业转型升级，必须加快提高产业技术含量、积极攀升产业链高附加值环节，并努力打造中国海洋品牌，形成促进海洋产业转型升级的良性循环机制。

五　加强海洋环境保护力度，保证海洋环境安全

海洋环境安全是海洋经济发展的基本前提条件。首先，海洋环境安全是海洋资源质量保证的基本要求。海洋环境受到污染，很难想象海洋渔业和海洋生物医药产业等如何发展。其次，海洋生态环境破坏会导致海洋灾害频繁发生，会严重影响海洋经济行为，甚至会威胁人类的生存安全。最后，海洋环境会直接影响沿海城市的品牌形象，影响沿海城市的滨海旅游业等一系列涉海产业。日本早期海洋经济发展不注重海洋环境保护，不仅受到其他国家的诟病，也给日本的海洋产业带来了很多不良的影响。但在认识到危害后，日本痛改前非，后来在发展海洋经济时，采取了一系列补偿性的措施，如积极发展海洋高新技术，实施海洋循环经济战略，健全油污染防除体制，充实油污损害赔偿保障制度，加强海洋环保调研与技术开发以及对海上环境违法进行查处等。因此，加强海洋环境保护是发展海洋经济，促进海洋产业转型升级的重要保障，中国在海洋产业发展过程中一定要高度重视保护海洋环境，注重海洋经济可持续发展。

第七章 美国促进海洋产业转型升级的经验及对中国的启示

美国海陆兼备，东临大西洋，西濒太平洋，在美国50个州之中，有30个州与海洋为邻。美国是海洋大国，拥有1400万平方公里的海域面积，海洋资源丰富，美国也是海洋经济强国，它是世界上海洋经济最发达的国家之一，也是世界上最早实行海洋管理的国家①，其超过90%的海外贸易总量通过海洋交通运输完成，而全美超过30%的原油和20%的天然气产量也由外大陆架海洋油气生产贡献，美国80%的GDP受海岸带地区驱动，超过40%的GDP受到了海岸线的驱动②。海洋产业对于美国而言非常重要，美国发展海洋经济、促进海洋产业转型升级的经验值得借鉴。

第一节 美国海洋产业发展概述

欲借鉴美国海洋产业转型发展经验，需分析美国海洋产业发展现状，其中包括美国海洋经济主导产业、重点培育产业、区域分布以及面临的问题等。

近些年，美国海洋经济的主体是海洋矿业以及服务业（即海洋旅

---

① 张灵杰：《美国海岸带综合管理及其对我的借鉴意义》，《世界地理研究》2001年第6期。

② 赵锐：《美国海洋经济研究》，《海洋经济》2014年第4期。

游和休闲业）。根据《2014 年海洋与海岸带经济报告》[①]，过去美国海岸带经济主要以制造业为主，近些年美国海岸带经济开始向以服务业为主转变。例如，2010 年美国海洋经济创造 GDP 为 2580 亿美元，占美国 GDP 的 1.8%，提供就业岗位 277 万个，其中，滨海旅游与休闲业 2010 年创造的 GDP 为 892.5 亿美元，占美国海洋经济的 35%，提供就业岗位达 193.2 万个，占美国海洋经济总就业的 70%。而根据 ENOW（Economics：National Ocean Watch）数据，2011 年美国海洋经济 6 个产业中，贡献最大的是海洋矿业，创造增加值 1052 亿美元，占海洋经济总量的 37.3%，其次为海洋旅游与休闲业，创造增加值 956 亿美元，占海洋经济总量的 33.9%。2012 年美国海洋经济共创造了 280 万个就业机会，其中贡献最大的是海洋旅游与休闲业，为 200 万个，占就业总数的 71.4%，海洋矿业仅仅贡献了 15.3 万个就业机会，占海洋经济创造总就业的 5.4%，这表明美国海洋经济就业主要由服务业（即海洋旅游与休闲业）创造。

当前美国重点发展的海洋产业是海运业、海上工程服务业、海洋生物技术产业、海洋工程技术、海洋生物技术、海水淡化技术、海洋能发电技术以及大洋钻探等[②]，这些产业多数属于海洋科技产业。实际上，美国不同的海洋产业园所发展的海洋技术各有侧重，表 7–1 列举了美国四个主要海洋产业园及海洋技术。

美国海洋产业区域分布呈现各州相对集聚的特点[③]，例如：美国海洋产业，海洋建筑业就业量最大的五个州是得克萨斯州、路易斯安那州、佛罗里达州、纽约州以及华盛顿州；海洋矿产业集中分布于路易斯安那州、得克萨斯州、阿拉斯加州以及加利福尼亚州；在非军用

---

① 该报告 2014 年 3 月由美国蒙特雷国际研究院蓝色经济中心国家海洋经济项目组织发布。

② 卢长利：《国外海洋科技产业集群发展状况及对上海的借鉴》，《江苏商论》2013 年第 6 期。

③ Judith Kildow 等：《美国海洋和海岸带经济状况（2009）》，王晓惠等译，《经济资料译丛》2010 年第 1 期。

船舶制造的产业中领先的是佛罗里达州、华盛顿州、罗得岛州以及缅因州等。

表 7 - 1　　　　　　　　　美国主要海洋产业园及海洋技术

海洋产业园	地理位置	主要海洋技术
大西洋海洋生物园	大西洋罗得岛	海洋生物和水产
三角海洋产业园	得克萨斯州得克萨斯公路	近海油气业
佳瑞特（Jarrett）海湾海洋产业园	北卡罗来纳中心海岸	海运交易、船舶设备及维修
夏威夷海洋科技园	夏威夷	海洋热能转换技术、海洋生物、海洋矿产、海洋环境保护

资料来源：卢长利：《国外海洋科技产业集群发展状况及对上海的借鉴》，《江苏商论》2013 年第 6 期。

美国海洋政策呈现阶段性，相应地美国海洋产业发展也呈现阶段性。美国作为移民国家，比一般民族更为关注海洋利益，1945 年前美国财政部成立海岸测量局、成立海军海图及仪器库、成立海洋研究所以及地球观测所的早期海洋活动和科学研究奠定了今后美国的海洋政策基础。1945—1970 年，鉴于丰富的油气和矿产资源可以带来巨额财政收入和良好的社会效益，美国联邦政府和沿海州政府试图掌握近海岸管辖权，进入了以地理和行政区划为基础管理促进海洋渔业发展的阶段。20 世纪 70 年代美国开始形成海洋产业综合管理思想，这一过程中因立法较多而出现的政策冲突在 80—90 年代被解决，这一阶段美国海洋产业管理开始强调自然生态系统而不是政治管辖范围。进入 21 世纪后，为了建立"一种可持续的明智的海洋利用和管理模式"，美国制定了新海洋政策①。可以看出，美国海洋产业政策调整

---

① 向友权等：《美国海洋公共政策的历史演变及新海洋价值观》，《海洋开发与管理》2013 年第 10 期。

是渐变式的，根本而言，它服从于美国国家战略调整，同时也受到了
美国自身甚至全球海洋资源环境的约束与影响。

综合而言，美国是海洋经济强国，海洋产业发展制度环境良好，
财政金融配套措施完备，拥有高水平科研机构，其产业经济发展有效
促进了经济增长。但也需注意到，近些年美国海洋产业发展面临着一
些问题，这些问题也引发了美国学界的关注，影响了美国在未来制定
海洋政策时的导向[①]，美国海洋产业发展遇到的具体问题包括：海洋
城市区域快速扩张所形成的挑战；人口增加以及农业污染对海洋和海
岸地区环境质量的影响；气候变化对海洋生物资源及栖息地带来的影
响；海洋渔业过度捕捞以及渔业资源衰竭等。

第二节　美国促进海洋产业转型升级的经验

美国促进海洋产业转型升级的经验可总结为六条，分别为：营造
良好的海洋经济发展制度环境；重点推动以高新技术为代表的新型海
洋产业经济发展；重视财政金融政策对海洋产业发展的促进作用；注
重发展建设高水平海洋科研机构并提升国民海洋素质；在重点区域建
设科技园、产业园等服务平台；制定生态环境政策保证海洋经济可持
续发展。

一　营造良好的海洋经济发展制度环境

1945 年 9 月美国总统杜鲁门发表《杜鲁门公告》（又称《大陆架
公告》），主张美国对邻接其海岸公海下大陆架地底和海床的天然资
源拥有管辖权和控制权。[②] 1966 年 7 月时任美国总统约翰逊签署了经
国会批准的《海洋资源和工程开发法令》，宣布了美国的海洋政策。

---

① 詹姆斯·特纳：《美国海洋经济的发展现状与展望》，《科学时报》2009 年 8 月 31
日。

② 焦永科：《21 世纪美国海洋政策产生的背景》，《中国海洋报》2005 年 6 月 3 日。

根据该法令，美国组成了海洋科学、工程和资源委员会，1969 年该委员会提出了包含 126 条建议的报告《我国与海洋》（即"斯特拉特顿报告"）。该报告的产生促使美国提出和实施了保护和开发海洋多项计划。20 世纪 60 年代，美国率先提出"海岸带"的概念，随后又提出了"海洋和海岸带综合管理"的概念，并于 1972 年颁布了世界上第一部综合性的海岸带管理法规《海岸带管理法》。美国于 1998 年和 2000 年两次召开全国海洋工作会议，在 2000 年全国海洋工作会议上，根据国会通过的《2000 海洋法令》成立了国家海洋政策委员会，重新审议和制定美国新的海洋战略。2004 年 4 月美国海洋政策委员会发布了关于美国海洋政策的长达 514 页的《美国海洋政策初步报告（草案）》，在此基础上，2004 年 9 月《美国海洋政策初步报告（草案）》修改案作为国家海洋政策报告被正式向总统和国会提交，名为《21 世纪海洋蓝图》。2004 年 12 月时任美国总统布什发布行政命令，成立新的内阁级海洋政策委员会，公布了《美国海洋行动计划》，对落实美国《21 世纪海洋蓝图》提出了具体的措施。2010 年 7 月美国公布了新的《国家海洋政策》，《国家海洋政策》提出对美国沿海及海洋进行综合的空间规划管理，目的是通过一种广泛的、具有适应性和综合性的、以生态系统为基础的、透明的空间规划管理过程，确认不同形式或不同类型开发活动的最适宜开展的区域，提高多样化开发利用活动的兼容性，减少矛盾冲突，减轻人类开发活动对海洋生态系统的负面影响，保护和保全海洋生态系统的服务功能和自然恢复力，实现经济、环境安全和社会目标，至此，美国开始了对沿海及海洋空间的规划管理工作。[①] 2013 年 4 月美国又颁布了《国家海洋政策实施计划》，主要内容包括海洋经济、安全与安保、海洋（对外界变化）的适应能力、各地的选择、科学与信息等五方面美国将采取的主要行动、进度要求和负责部门。

---

① 石莉：《美国对沿海及海洋进行空间规划管理》，《国土资源情报》2011 年第 12 期。

表 7 - 2　　　　　　　　　　　　美国海洋法规法案

年份	法案	备注
1945	《杜鲁门公告》	主张对邻接其海岸公海下大陆架地底和海床的天然资源拥有管辖权和控制权
1966	《海洋资源和工程开发法令》	宣布海洋政策
1969	《我国与海洋》	促使提出和实施保护和开发海洋诸多计划
1972	《海岸带管理法》	世界上第一部综合性的海岸带管理法规
2000	《2000 海洋法令》	成立国家海洋政策委员会，重新审议和制定海洋战略
2004	《美国海洋政策初步报告》	由美国海洋政策委员会发布
2004	《21 世纪海洋蓝图》	即《美国海洋政策初步报告》修改案
2004	《美国海洋行动计划》	对落实《21 世纪海洋蓝图》提出具体措施
2010	《国家海洋政策》	提出对沿海及海洋进行综合空间规划管理
2013	《国家海洋政策实施计划》	主要内容包括海洋经济等五方面

资料来源：根据文献整理。

二　推动以高新技术为代表的新型海洋产业经济发展

美国通过发展海洋科学技术推进海洋经济的产业升级与转型，这一点突出体现在立法方面。美国先后制定了《美国海洋学长期规划（1963—1972 年）》《我国与海洋》等海洋规划。在 20 世纪 70 年代中期到 90 年代，基于资源开发、环境保护和强化科技支撑的考虑，美国先后制定了《美国 20 世纪 70 年代的海洋政策：现状与问题》《全国海洋科技发展规划》《90 年代海洋科技发展报告》《海洋战略发展规划（1995—2005 年）》《美国 21 世纪海洋工作议程》等规划。进入 21 世纪，美国为了保持世界海洋霸主地位，又制定了《发掘地球上最后的边疆：美国海洋勘探国家战略》《2001—2003 年大型软科学研究计划》《21 世纪海洋蓝图》《美国海洋行动计划》《规划美国今后十年海洋科学事业：海洋研究优先计划和实施战略》《海洋空间规划框架》等，力图科学、可持续地开发利用海洋资源，巩固美国在全球海洋经济竞争中的领先地位。

三 重视财政金融政策对海洋产业发展的促进作用

美国政府重视财政金融政策对海洋产业发展的作用，颁布了多项效果显著的政策，例如对海洋渔业提供财政补贴、对渔船提供财政贷款，这一政策不仅刺激了美国捕捞船队扩张，加速了其现代化进程，也增强了其在远海、公海以及他国专属经济区范围内对渔业资源的控制力。此外，美国政府积极引导个人对海洋的投资并成立了海洋投资基金，该基金由财政部、美联储、联邦存款保险公司和私人投资者共同投资，为海洋事业投资和未来发展提供了持续、多方面的资金支持，推动了美国海洋产业技术提升。

四 建设高水平海洋科研机构并提升国民海洋素质

美国是世界上海洋科技最发达、海洋人力资源最充足的国家，其拥有全世界数量最多、水平最高的海洋科研机构。汤姆森路透集团曾于2011年发布世界排名前30位的海洋学研究机构，其中美国机构占据了17席，美国伍兹霍尔海洋研究所在高引用率论文和总被引频次方面排名最高。在基础科学领域，美国在具有优势的海洋生物地球化学领域，主持开展了一系列全球研究计划。美国提倡终身海洋教育，利用各州海洋资源进行海洋知识普及和海洋教育，提高国民对海洋开发和保护意识。此外，美国对海洋科技进行持续投资，为研究者提供数据支持，为公众提供信息服务，推动了海洋经济快速发展。

五 政府在重点区域尝试建设产业园区服务平台

为促进海洋高新技术产业发展，美国尝试建立了"海洋科技园"发展模式，即由政府推动建立海洋科技园区，通过提供完善的园区基础设施和公共服务平台，吸引和培育海洋高新技术企业，为海洋高新技术产业发展营造良好的发展环境。海洋科技园内企业的基本活动是研究和产品开发而不是制造、销售或其他商业行为，在海洋科技园从

事研究与开发活动的主要是高水平的科学家和工程师，因此其具有很
强的研究实力和竞争力。密西西比河口海洋科技园、夏威夷海洋科技
园、大西洋海洋生物园、三角海洋产业园、佳瑞特海湾海洋产业园等
海洋高新技术产业园区在美国乃至世界具有重要影响力。①

六　制定生态环境政策保证海洋经济可持续发展

美国政府认为海洋环境政策的科学制定与执行是维持其海洋经济
可持续发展的关键。美国建立了全国海洋保留地体系，由区域海洋生
态系统理事会在其管辖区内建立海洋保留地，并采取实际行动保护国
家重点海域。美国建立了以生态系统为基础的管理体制，目的是保证
海洋生态可以处于健康的可持续状态。美国加强了沿海流域管理，加
强了对入海内陆河流流域全境的生态保护，并对相关污染源进行治
理。美国加强了对外陆架的开发，美国政府及其各州制定了《国家环
境政策法》《海岸带管理法》等有关海岸带开发的法律法规。

第三节　中美两国海洋产业发展基础比较

了解中美海洋产业发展基础的差异性，是科学合理地借鉴美国海
洋经济产业转型升级经验的基础。本部分主要从基础条件、主要海洋
资源、经济技术条件以及海洋文化教育四个方面比较中美海洋产业经
济的异同。

一　发展条件异同

海洋经济发展基础条件。海洋经济发展的基础条件主要包括海岸
线长度、联合国海洋法公约赋予沿海各国的海域管辖面积以及和两者
关系密切的陆域面积。中国（含港澳台）海岸线总长度为3.3万公里

_____

① 宋军继：《美国海洋高新技术产业发展经验及启示》，《东岳论丛》2013年第4期。

（其中，大陆岸线 1.8 万公里），美国的海岸线长度是 13.3 万公里
（其中，大陆岸线 1.2383 万公里），分别占世界海岸线总长度
（163.47 万公里）的 2.02% 和 8.15%。美国海域管辖面积 808 万平
方公里，是中国（300 万平方公里）的 2.69 倍。在世界 10210.84 万
平方公里的专署经济区中，中美管辖的比例分别为 2.94% 和 7.91%。
中国陆域面积（含内陆水面）为 963 万平方公里，比美国（936 平方
公里）稍多，中美两国海岸系数分别为 0.0034 和 0.0142。① 中美两
国在海陆位置上的差异决定了美国在海洋开发及海洋经济发展方面基
础条件更优越。

　　主要海洋资源指标。中美两国海洋生物资源生产量大体相当，中
国海区总生物生产量约 1261.53 万吨，美国海洋生物资源的长期潜在
生产量则为 1203 万吨。两国港口资源相当，中国大陆现有沿海港口
150 余个，被划分为环渤海地区、长江三角洲地区、东南沿海地区、
珠江三角洲地区和西南沿海地区等五大区域港口群，美国现有 260 多
个沿海及内河港口，其中沿海港口 160 多个，被划分为北大西洋、南
大西洋、波多黎各、美国湾、西北太平洋和西南太平洋等六大沿海地
区。两国沿海及海洋旅游资源都较丰富，美国的海洋及沿海旅游资源
主要位于纽约的长岛海峡、佛罗里达的印度河潟湖、加利福尼亚的圣
莫尼卡湾、加州的旧金山湾以及国家公园和历史景点，中国海岸线跨
越三个温度带，自然风光各异，近岸岛屿众多，海岸地貌类型齐全，
海洋文化积淀丰厚，海洋人文景观历史悠久，海洋旅游资源主要分为
海岸、海岛、海滨山岳、海洋生态、海底、海洋历史文化和滨海城市
等景观。海洋油气资源方面，据美国矿物管理局（MMS）测算，美
国拥有 17.6 亿英亩的外部大陆架（OCS）海域面积，其中 4300 万英
亩提供了美国国内 23% 的天然气产量和 30% 的石油产量，美国在
OCS 上有 123.05 亿吨（按石油密度 0.9 推算）的石油和 420 万亿立

———————————
　　① 依据世界自然资源协会（WRI）公布的各国沿海及海洋生态系统数据。

方英尺（11.89 万亿立方米）的天然气未被发现①，但在技术上是可以获得的，二者在所有未被发现的 OCS 油气资源中分别占 60% 和 40%。中国海洋石油资源量约 240 亿吨（占全国石油资源总量的 2.9%），天然气资源量 14 万亿立方米（相应比重是 29.0%）②，海洋石油主要分布在渤海、东海和南海，其中南海海域有更好的开发前景。但中国海洋油气资源探明率很低，海洋石油探明率仅为 12.3%，远低于美国 75% 的探明率（世界平均探明率是 73%），中国海洋天然气探明率仅为 10.9%，而世界平均探明率是 60.5%。

经济发展程度、科学技术条件。中国经济增速快，但总量仍远落后于美国。按名义汇率计算，国内生产总值（GDP）美国仍排在世界第一位。美国科技总体水平优于中国，R&D 经费投入能够反映一国科技水平，根据世界经合组织（OECD）《主要科学技术指标》公布的 R&D 经费投入统计数据，中国 R&D 经费绝对额与投入强度均低于美国，两国差距较为明显。从国际科技论文排名看，被《科学引文索引》（SCI）、《工程索引》（EI）和《科学技术会议录索引》（ISTP）收录并标有中华人民共和国的国际论文数量与其所占比重同样低于美国。

海洋文化教育基础。海洋文化教育是海洋经济发展的基础和助推力，海洋文化教育基础可以从涉海科研机构、院校及海洋科技队伍等指标体现出来。中国现有涉海科研机构合计超过 120 个，海洋科技人才已达数万人，专业涵盖基础研究、技术研发、市场推广、公众教育、公益服务、行政管理及产业规划等多个方面，海洋科技人才队伍和基础能力建设不断增强。美国海洋科学领域多样且分散，根据美国海洋政策委员会《21 世纪海洋蓝图》，美国至少有 130 余个涉海大学或研究机构，包含相关院系约 150 个，全国海洋科学教育机构共配置

① 此数据由美国矿物管理局 2006 年估算而得。
② 根据中国 2003 年发布的《全国海洋经济发展规划纲要》。

2000 余名教师①。

二 比较结论

从上文比较分析中不难看出，从海岸线总长度与海域管辖面积来看，中美两国在海陆位置上的差异决定了美国在海洋开发及海洋经济发展方面基础条件更优越；从海洋生物资源生产量、沿海及海洋旅游资源、海洋油气资源等角度来看，中美两国主要海洋资源指标各有优势；中国经济增速快，但总量仍远落后于美国，中美两国经济发展程度差距明显；中国科技研发经费投入与科研产出均低于美国，两国科学技术条件差距较为明显；从涉海科研机构、院校及海洋科技队伍等指标来看，中美两国海洋文化教育基础差距不甚明显。可以认为，在海洋开发不断深入推进的背景下，中国海洋产业正处于成长期，总量将不断增加，若增速在较高水平下保持稳定，追近甚至赶超美国并非不可能之事。

第四节　美国海洋产业转型升级对中国的启示

海洋产业转型升级对于进一步提升海洋经济在国民经济中的地位、有效保护并可持续利用海洋资源、提高海洋经济对国民经济的贡献具有重要意义。海洋经济在美国经济中有着举足轻重的地位，美国作为海洋经济强国，其发展海洋经济、促进海洋产业转型升级的经验对中国具有启示意义。

一　从宏观层面制定国家海洋产业发展战略

美国重视海洋战略与政策，《21 世纪海洋蓝图》《海洋行动计划》以及海洋、海岸带和五大湖管理政策为其海洋事业描绘了宏伟的发展

---

① 王海壮、栾维新：《中美海洋经济发展比较及启示》，载《2009 中国海洋论坛论文集》，中国海洋大学出版社 2009 年版。

蓝图，这些海洋政策也大多转化为实实在在的行动。中国至今没有具体且明晰的国家海洋战略和政策，缺乏宏观指导海洋事业的纲领性文件，这影响了中国海洋事业的总体设计与布局。海洋产业发展需要国家层面顶层设计，海洋事业布局思路不清晰将从根本上制约海洋产业的发展路径与发展速度。中国应借鉴国际经验，制定宏观海洋战略政策，并出台配套实施计划，使宏观战略决策落到实处，明晰中国海洋产业发展路径与推进速度，促进海洋产业转型升级。

二 加强涉海部门决策、合作与协调机制建设

美国最高海洋事务决策与协调机构为国家海洋委员会，国家海洋委员会在美国海洋事务处理过程中发挥了良好的决策与协调作用。国家海洋委员会的协调功能，不仅体现在联邦政府各部门间的协调，也体现在联邦政府与各州、各部落、各地区等地方政府的协调。中国政府站在国家长远发展的高度，决定成立国家海洋委员会，这是推进海洋事业的重大举措。中国应借鉴美国国家海洋委员会的经验，继续完善相关机制，充分发挥其决策与协调作用，统筹全局，加强海洋产业发展相关部门之间的合作，疏通海洋产业项目审批通道，以服务海洋产业转型升级发展为宗旨，简化涉海部门办事流程，提高部门协作效率。

三 "官产学研"结合推动海洋高新技术产业发展

海洋产业转型升级要求海洋高新技术产业大发展。海洋高新技术以高投入、高风险、高创新性为主要特征，其产业化过程必然涉及多种行为主体。政府"有形之手"是推动海洋高新技术产业发展重要的外部力量，负责经济活动的宏观调控、政策法规的制定与市场环境培育；大学和科研机构聚集着大量的海洋科技智力资源，是海洋高新技术诞生的源泉；企业是科研成果产业化的最终实现主体，主要从事生产、经营和销售等经济活动。借鉴美国经验，政府、高校科研机构

与企业之间开展灵活多样的合作，对于推动海洋高新技术产业发展具有重要意义。

四　建立健全系统的海洋产业财政金融扶持政策

与美国相比，中国海洋财政金融政策覆盖面较窄，从行业角度来看，主要体现在几个较为典型的海洋产业中：海洋渔业方面表现为降低渔业船舶检验费标准、规范海域使用金减免、实行渔业柴油补贴、拓展资金渠道等；海洋油气产业方面表现为能源开采设备进口免征关税、调整海洋石油开采税收、设立海洋可再生能源专项资金等；海水淡化与综合利用方面表现为对海水淡化重点工程给予资金补助、对海水淡化企业免征资源税等。今后中国海洋财政金融政策应更具系统性，对海洋传统产业与新兴产业的政策优惠力度应更平衡，除了以税收减免方式进行扶持之外，中国应将投资扶持同样作为海洋财政金融扶持方式之一。未来中国应形成沿岸滩涂、近浅海、远深海多元化支持格局，促进海洋全产业链形成。

五　制定有针对性的科技与人力资本培育政策

中美两国都将海洋科技和人才看作促进海洋产业转型升级的重要因素，近年来，中国遵循"优化结构、转变机制、妥善分流、创新发展"的海洋科技体制改革基本思路，大力培养具有海洋专业知识背景的科技型人才，力图吸引更多海洋专业人士投入到海洋教育事业中，这些政策对促进海洋产业转型升级具有重大意义。但与美国相比，中国并没有形成较为完善的海洋教育体系。换言之，现阶段中国只是将"科技兴海"作为兴海战略提出，仍缺乏具体且有针对性的政策，今后中国应抓紧制定详细的、可操作的海洋科技与人力资本培育政策，将科技兴海战略落到实处，进一步借助科技与人力资本的力量推动海洋产业转型升级。

六 建立全方位立体式海洋生态环境治理体系

良好的海洋生态环境是海洋产业健康发展的保障。中美两国均重视海洋生态环境保护。近年来海洋环境污染新闻事件使海洋环境保护问题得到了舆论较大关注。中国海洋生态保护措施主要内容有建立海洋生态系统保护区、推动海洋生态保护技术研发与推广、完善海洋环境突发事件应急联动机制等，这一海洋生态保障机制是中国海洋产业健康发展的重要保障。① 但需注意的是，中国现阶段的海洋生态环境保护措施大多只是强调海洋生态保护区建设与海洋生态技术研发，现有海洋生态环境治理体系尚不健全。今后中国应建立从技术研发到技术应用、从内河污染管理到海洋生态保护的生态环境治理体系，实现从实施层面到监督层面的海洋生态环境治理全方位立体式覆盖。

七 唤醒国民海洋意识并提升全民海洋素质

美国政府关注海洋并重视海洋意识普及教育，积极培养海洋人才队伍。美国推动终身海洋教育，通过建立协作的海洋教育网络，将海洋教育融入基础教育。② 中国历史上长期以来重陆轻海，党的十八大提出了建设海洋强国战略，出现了决策高层重视海洋事业的新局面，但中国全民海洋意识教育仍任重道远。中国应借鉴美国的做法，通过各种正式和非正式的项目和教育，加强国民的海洋意识，尤其是加强国民对海洋经济的关注度，鼓励国民参加各种海洋活动，尤其要重视各级学校的海洋产业教育，让更多的优秀人才进入海洋产业管理与科研队伍。

---

① 赵虎敬：《中美海洋经济政策比较》，《人民论坛》2015 年第 5 期。
② 姜朝旭、王静：《美日欧最新海洋经济政策动向及其对中国的启示》，《中国渔业经济》2009 年第 2 期。

区 域 篇

第八章　新时期推动湾区经济
发展的思考与建议

　　湾区经济是当今世界经济版图的突出亮点，也是世界一流滨海城市群的显著标志。从国际上看，美国旧金山湾区、纽约湾区和日本东京湾区被称为世界三大湾区，并以其独特的区位、产业和交通优势，成为引领全球科技、金融、产业发展的重要风向标地区。中国湾区经济发展也受到高度重视和广泛关注，粤港澳大湾区发展、长三角区域一体化上升为国家战略。发展湾区经济已经成为主要沿海地区的重要战略选择。

第一节　全球三大湾区和国内主要湾区发展概况

一　湾区经济基本特征和全球三大湾区发展概况

　　"湾区经济"一词源于美国旧金山湾区[①]，一般认为，湾区是由一个海湾或相连的若干个海湾、港湾、邻近岛屿组成的区域，而衍生的经济效应称为湾区经济，即以海港为依托，以湾区自然地理条件为基础，城镇群与港湾地理聚变融合发展形成的拥有国际影响力的独特的区域一体化经济形态。一般认为，湾区经济具有创新性、开放性、协同性、外溢性等显著特征，对外联系密切、要素流动便利、经济高

---

　　① 伍凤兰、陶一桃、申勇：《湾区经济演进的动力机制研究》，《科技进步与对策》2015 年第 12 期。

度开放、集聚功能强大。

从国际上看，一个成熟的湾区发展需要具备九大条件，一是发达的港口城市，这是湾区经济形成的基本单元；二是优越的地理条件，这是湾区经济形成的基础条件；三是产业的集聚扩散，这是湾区经济形成的根本动力；四是强大的核心城市，这是湾区经济形成的重要牵引力；五是完善的创新体系，这是湾区经济持续发展的引擎；六是高效的交通体系，这是湾区经济形成的重要支撑；七是合理的分工协作，这是湾区经济形成的决定因素；八是宜人的居住环境，这是湾区经济形成的重要因素；九是完善的协调机制，这是湾区经济形成的重要保障。

从实践来看，美国旧金山湾区、纽约湾区和日本东京湾区等国际著名湾区都是这方面的典型代表。如旧金山湾区在高新技术产业、国际贸易、旅游等方面取得显著成效，加上独特的自然景观、宜居的地理环境与交通优势，成为世界著名科技湾区。其中，硅谷鼓励冒险，容忍失败的文化氛围塑造了湾区的"文化基因"，斯坦福大学首创的"大学—政府—产业"合作模式以及丰富的大学教育网络塑造了湾区强大的创新创业系统，风险投资的集聚以及高新技术与金融资本良性结合等都是旧金山湾区无可比拟的独特优势。目前，旧金山湾区高新技术企业主要集中在信息技术和生物技术，包括计算机和电子产品、通信、多媒体、生物科技、环境技术，以及银行金融业和服务业领域。

纽约湾区是世界金融中心、商业中心及国际航运中心，同时是世界就业密度最高和公交系统最繁忙城市之一，拥有全美2/5的世界500强企业，1/5的对外贸易额，为2016年美国GDP贡献8%。纽约湾区成功的关键要素有：一是拥有功能齐全、服务广阔的消费市场，信息资源丰富，利于形成发达的经济集聚中心，这是世界级湾区形成和发展的先决条件；二是纽约港天然的地理区位优势，使得纽约成为连接欧美的最佳贸易中心，促进了经济的繁荣，是湾区经济发展的核心优势；三是"美国梦"吸引大量移民，通过努力实现自我价值，创造财富，为湾区带来高素质劳动力的输入；四是国际资金的大量流入，特别是 19 世纪成熟的欧洲资本市场为运河和铁路系统的修建项目提供了大量资金，这也为纽约湾区基础设施的兴建奠定了基础；五是日益完善且不断创新的产业链。目前，纽约港已成为湾区经济增长的主要引擎，被誉为"东部硅谷""创业之都"，是继硅谷之后美国发展最为迅速的信息技术中心地带。

东京湾区聚集了日本 1/3 人口、2/3 经济总量、3/4 工业产值，是日本最大的工业城市群和国际金融中心、交通中心、商贸中心和消费中心。在庞大港口群的带动下，东京湾区逐步形成了京滨、京叶两大工业地带，装备制造、钢铁、化工、现代物流和高新技术等产业十分发达。其成功的主要因素有：一是东京位于关东平原南部，连接东京湾，具有独特的海湾环境和明显的区位优势，特别是填海造陆工程为湾区拓展空间提供了途径；二是工业化和城市化进程是东京湾区形成和发展的巨大社会推动力，产业集群的集约建设、资源的优化配置及人口的集聚扩散，均是在市场化机制下完成；三是统筹规划湾区内工业布局，形成错位发展的思路，促进湾区要素资源的合理流动；四是重视轨道交通等基础设施建设所形成的巨大外部效应，也是促进东京成为国际湾区的重要因素。

二　国内主要湾区发展概况

从国内看，粤港澳大湾区、浙江省大湾区等战略纷纷落地，宁波等城市也提出发展湾区经济的战略构想，湾区经济成为沿海城市探索区域合作和战略转型的重要方向与路径。

（一）粤港澳大湾区建设进展

粤港澳大湾区是由香港、澳门两个特别行政区和广东省的广州、深圳、珠海、佛山、中山、东莞、惠州、江门、肇庆九市组成的城市群，是国家建设世界级城市群和参与全球竞争的重要空间载体。2017

年，粤港澳大湾区人口达 6956.93 万，GDP 生产总值突破 10 万亿元，以全国 1/171 的土地面积，约 1/20 的人口，创造了超过 1/9 的 GDP，GDP 总量规模在世界国家排行中名列 11 位，与韩国持平，是中国开放程度最高、经济动力最强的区域之一。

"粤港澳大湾区"概念在官方文件中首次提出，是 2015 年《推动共建丝绸之路经济带和 21 世纪海上丝绸之路的愿景与行动》，提出要"充分发挥深圳前海、广州南沙、珠海横琴、福建平潭等开放合作区作用，深化与港澳台合作，打造粤港澳大湾区"。但其由来已久，早在 2003 年，《关于建立更紧密经贸关系的安排》（CEPA）的签署就明确了内地与港、澳之间的贸易和投资合作的总基调。2005 年《珠江三角洲城镇群协调发展纲要（2004—2020）》正式提出"湾区"概念。2009 年《环珠江口湾区宜居区域建设重点行动计划》明确将"湾区"作为粤港澳合作重点区域。

2016 年国家"十三五"规划纲要明确提出，支持港澳在泛珠三角区域合作中发挥重要作用，推动粤港澳大湾区和跨省区重大合作平台建设。同年，国务院《关于深化泛珠三角区域合作的指导意见》也指出，要携手港澳共同打造粤港澳大湾区，建设世界级城市群。随后有关规划、方案起草和调研工作紧锣密鼓推进，目前《粤港澳大湾区城市群发展规划》已经上报，等待国家批复。根据方案，粤港澳三地将在中央有关部门支持下，完善创新合作机制，促进互利共赢合作关系，共同将粤港澳大湾区建设成为更具活力的经济区、宜居宜业宜游的优质生活圈和内地与港澳深度合作的示范区，打造国际一流湾区和世界级城市群。

表 8-1 　　　　　　　　"粤港澳大湾区"的政策演进轨迹

规划与政策文本	主要内容	历程
2003 年《关于建立更紧密经贸关系的安排》（CEPA）	内地与港、澳之间的贸易和投资合作，促进双方的共同发展	内地与港澳第一个全面实施的自由贸易协定

续表

规划与政策文本	主要内容	历程
2005 年《珠江三角洲城镇群协调发展纲要（2004—2020）》	将环珠江口地区作为区域核心，实施经济发展与环境保护并重的策略，努力建成珠江三角洲重要的新兴产业基地、专业化服务中心和环境优美的新型社区	正式提出"湾区"概念
2008 年《珠江三角洲改革发展规划纲要》（2008—2020）	将珠三角九市与港澳的紧密合作纳入规划，目标是到 2020 年形成粤港澳三地分工合作、优势互补、全球最具核心竞争力的大都市圈之一	粤港澳地区合作发展的国家政策开始出台
2009 年《环珠江口湾区宜居区域建设重点行动计划》	"宜居湾区"是建设大珠三角宜居区域的核心和突破口	将"湾区"作为粤港澳合作重点区域
2014 年深圳市《政府工作报告》	重点打造湾区产业集群，构建"湾区经济"	地方政府报告中首次提出"发展湾区经济"
2015 年《推动共建丝绸之路经济带和 21 世纪海上丝绸之路的愿景与行动》	充分发挥深圳前海、广州南沙、珠海横琴、福建平潭等开放合作区作用，深化与港澳台合作，打造粤港澳大湾区	"粤港澳大湾区"第一次被明确提出
2016 年国家"十三五"规划纲要	支持港澳在泛珠三角区域合作中发挥重要作用，推动粤港澳大湾区和跨省区重大合作平台建设	深化"粤港澳大湾区"平台建设
2016 年 3 月《关于深化泛珠三角区域合作的指导意见》	构建以粤港澳大湾区为龙头，以珠江—西江经济为腹地，带动中南、西南地区发展，辐射东南亚、南亚的重要经济支撑带	专门章节陈述"打造粤港澳大湾区"建设
2016 年 11 月广东省"十三五"规划纲要	建设世界级城市群、推进粤港澳基础设施对接，加强粤港澳科技创新合作	地方开始规划"粤港澳"大湾区建设
2017 年全国"两会"《政府工作报告》	研究制定粤港澳大湾区城市群发展规划	"粤港澳大湾区"被纳入顶层设计

（二）浙江省大湾区建设进展

2017 年，浙江省第十四次党代会提出，"谋划实施'大湾区'建设行动纲要，重点建设杭州湾经济区，支持台州湾区经济发展试验区建设，加强全省重点湾区互联互通"，浙江省大湾区正式亮相。随后，浙江省开始以大湾区大花园大通道大都市区为总抓手推进高质量发展。其中，浙江省大湾区范围是以环杭州湾经济区为核心，联动台州湾、三门湾、象山湾、乐清湾等湾区，包括杭州、宁波、温州、湖州、嘉兴、绍兴、台州、舟山八市。并在 2018 年发布《浙江省大湾区建设行动计划》，明确以打造成为"绿色智慧和谐美丽的世界级现代化大湾区"为总目标。具体建设"全国现代化建设先行区、全球数字经济创新高地、区域高质量发展新引擎"。到 2022 年湾区经济总量达到 6 万亿元以上，数字经济对经济增长的贡献率达到 50% 以上，高新技术产业增加值占工业增加值 47% 以上；到 2035 年，高水平完成基本实现社会主义现代化的目标。

具体而言，在宏观层面，即整个大湾区，总体布局是"一环、一带、一通道"，即环杭州湾经济区、甬台温临港产业带和义甬舟开放大通道。在中观层面，即环杭州湾经济区，将构筑"一港、两极、三廊、四区"的空间格局。"一港"：高水平建设中国（浙江）自由贸易试验区，争创自由贸易港。"两极"：增强杭州、宁波两大都市区辐射带动作用，带动环杭州湾经济区创新发展、开放发展、联动发展。"三廊"：以高新区、高教园、科技城为依托，加快建设杭州城西科创大走廊、宁波甬江科创大走廊、嘉兴 G60 科创大走廊。"四区"：谋划打造杭州江东新区、宁波前湾新区、绍兴滨海新区、湖州南太湖新区，将新区建设成为产城融合、人与自然和谐共生的现代化新区。在微观层面，发挥现有产业优势，瞄准未来产业发展方向，整合延伸产业链，打造若干世界级产业集群；突出产城融合发展理念，推进产业集聚区和各类开发区整合提升，打造若干集约高效、产城融合、绿色智慧的高质量发展大平台。

表 8-2 世界三大湾区与国内两大湾区基本情况比较（2016 年）

名称	区域范围	面积（万平方公里）	人口（万）	GDP（万亿美元）	人均 GDP（万美元）	GDP 占全国比重
纽约湾区（纽约都会区）	纽约州、新泽西州、宾夕法尼亚州的 25 个县	1.74	2020	1.60	7.9	8.9%
东京湾区（东京都市圈）	东京都、埼玉县、神奈川县、千叶县	1.35	3631	1.55	4.3	33%
旧金山湾区	旧金山湾区周边九县	1.79	768	0.76	9.9	4.2%
粤港澳大湾区	香港、澳门 + 广东 9 个地级市	5.65	6797	1.38	2.04	12%
沪杭甬大湾区	上海、杭州、嘉兴、湖州、绍兴、宁波、台州、舟山	6.15	6108	0.95	1.55	9.1%

（三）宁波市大湾区建设

为贯彻落实浙江省委省政府关于建设浙江省大湾区的战略部署，宁波市委市政府提出发展湾区经济、建设浙江省大湾区中心城市的战略构想。2018 年宁波市第十五届人民代表大会第三次会议上提出，打造大湾区中心城市，编制湾区经济发展规划和实施方案，主动承接上海城市功能和产业转移，深化沪甬合作示范区建设。

这是宁波基于自身优势和未来发展方向做出的战略部署，宁波拥有全球首个 10 亿吨超级大港，杭州湾、象山港湾、三门湾三个美丽海湾顺次环绕，产业基础实力雄厚，人文底蕴积淀深厚，具备加快发展湾区经济，引领湾区经济新时代的基础条件。发展湾区经济有利于宁波加快建设现代化经济体系，在全国率先打造创新引领高质量发展示范区；有利于构建高能级对外开放合作平台，形成内外联动双向开放新格局；有利于提升宁波在区域竞争中的位势，打造长三角地区新的经济增长极；有利于推进生态文明建设，建设有全球影响力的现代化生态宜居蓝色湾区。

目前,《宁波市湾区经济发展规划》和《宁波市大湾区建设行动计划》均已完成,明确提出要重点打造前湾新区和甬江科创大走廊两个具有较强承载力、聚合力和竞争力的高能级战略大平台,推动"港产湾城"融合发展,形成"一核引领、两极支撑、三湾联动"的湾区空间发展格局。前湾新区要大力发展智能装备、智能终端、智能电器、智能汽车等产业,打造全省战略性、标志性产城融合大平台。甬江科创大走廊要立足现有科教资源、创新平台和城市功能,加快集聚国际国内知名高校院所和创新人才,打造全省引领性、策源性科创大平台。

在产业发展上,主要依托宁波制造业基础优势,抢抓数字经济发展机遇,突出发展数字经济,打造全国数字经济发展示范区。重点以绿色石化、汽车制造两个万亿级支柱型产业集群为基石,以高端智能装备、电子信息、新材料三个五千亿级新兴产业集群为重点,积极利用数字技术改造提升纺织服装、家电等千亿级传统产业,加快建设一批工业互联网平台、工业云生态系统、智能制造示范工厂和国家级智能制造试点示范项目,实现"产业数字化"提升,打造特色鲜明、体系完善、协同紧密、竞争力强的世界级智能制造产业集群。同时,大力发展港航物流与现代供应链、现代金融、文化旅游、科技和信息服务、健康养老等现代服务业,打造具有湾区特色的高品质现代服务业集群。

第二节　新时期对湾区经济发展提出新要求

当前,中国特色社会主义进入新时代,随着"一带一路"建设和制造强国、海洋强国和创新驱动等一系列国家和有关区域战略的深入推进,中国湾区经济发展面临的多重机遇叠加,正处于大有可为的战略机遇期。中国发展湾区经济一定要在把握湾区经济发展规律的基础上,按照新时期的特征要求,走出一条具有中国特色的湾区经济发展新路。

一　"一带一路"建设深入推进拓展了湾区对外开放新空间

"一带一路"是借用古代丝绸之路的历史符号,高举和平发展的旗帜,积极发展与沿线国家的经济合作伙伴关系,共同打造政治互信、经济融合、文化包容的利益共同体、命运共同体和责任共同体的重大举措。"一带一路"贯穿亚欧非大陆,一头是活跃的东亚经济圈,另一头是发达的欧洲经济圈,中间广大腹地国家经济发展潜力巨大。正如习近平总书记所言:"一带一路"建设,要以开放为导向,推动建立新型国际经贸投资规则体系,携手构建广泛的利益共同体。沿海地区和粤港澳大湾区、浙江省大湾区等地是推进"一带一路"建设的重要桥梁和桥头堡,能够借助"一带一路"建设的深入推进,有效扩大对外开放新空间。比如,作为古海上丝绸之路的重要始发港、国际知名远洋干线港和全国性物流节点城市,宁波湾区开放历史长、基础好、主体多、体制活,与220多个国家和地区建立了投资贸易关系,宁波湾区在辐射带动内陆地区高水平开放中具有重要地位。同时,宁波湾区拥有长三角地区最丰富的湾区资源、最完整的湾区形态、较发达的湾区经济,是长三角地区最具湾区经济发展潜力的战略区块。要紧抓国家"一带一路"发展机遇,积极探索"一带一路"建设的新模式、新路径,谋划创建"一带一路"建设综合试验区,推动构建现代国际物流中心,努力打造陆海内外联动、进出双向开放的战略性载体,深度参与全球经济竞争合作,探索形成国际一流标准的开放新体制,拓展湾区对外开放新空间。

二　中国制造 2025 和高质量发展为湾区经济转型升级提供新引擎

中国制造 2025 战略的实施,将推动制造业创新发展、提质增效,促进新一代信息技术与制造业深度融合,大力推进智能制造,促进产业转型升级。党的十九大报告提出的高质量发展将推动发展方式转变，经济结构优化和增长动力转换。

经过改革开放以来的快速发展，中国沿海地区率先建立了特色鲜明的现代工业体系，在临港工业、传统优势产业和新兴产业领域培育了一大批在国内外具有较高知名度、较强竞争力的优势企业和品牌产品。此外，随着创新驱动战略深入实施，推进国家自主创新示范区建设，加快构建以数字经济为主导的现代产业体系，为推动产业转型升级、实现高质量发展提供新动能。强大的制造业基础有助于湾区抢抓中国制造 2025 和高质量发展带来的历史机遇，推动湾区成为实施创新驱动发展战略、推进经济转型升级的主战场，加快发展以智能经济为代表的新型产业体系，在新一轮科技革命和产业变革中，走出一条依靠创新推动制造业由大变强的新路子。

三 加快建设海洋强国为湾区发展海洋经济注入新动力

海洋是潜力巨大的资源宝库，也是支撑未来发展的战略空间。中国海域辽阔，海洋资源丰富，开发潜力巨大。党中央和国务院高度重视海洋新兴产业发展。党的十六大、十七大、十八大和十九大先后提出了"实施海洋开发""发展海洋产业""建设海洋强国"和"加快建设海洋强国"的重大战略。习近平总书记强调，要提高海洋资源开发能力，优化海洋产业结构，培育壮大海洋战略性新兴产业，提高海洋产业对经济增长的贡献率，努力使海洋产业成为国民经济的支柱产业。李克强总理提出，要全面实施海洋战略，发展海洋经济，大力建设海洋强国。《国民经济和社会发展第十一个五年规划纲要》《国民经济和社会发展第十二个五年规划纲要》《国民经济和社会发展第十三个五年规划纲要》和《国务院关于加快培育和发展战略性新兴产业的决定》《"十二五"国家战略性新兴产业发展规划》《"十三五"战略性新兴产业发展规划》等都提出大力发展海洋产业的具体意见，国家还专门颁布了《全国海洋经济发展"十二五"规划》《全国海洋经济发展"十三五"规划》《科技兴海规划》《海洋工程装备制造业中长期发展规划》等海洋产业发展规划，促进海洋新兴产业发展。

如今，海洋强国已上升为国家战略，不断拓展中国蓝色经济空间，坚持陆海统筹，发展海洋经济将长期作为中国经济发展的重要任务。粤港澳大湾区、浙江省大湾区内的深圳、宁波等地都是中国海洋经济发展示范区的核心区，已经形成了以世界级的港航服务业、临港重化工业以及战略性新兴产业为主体的产业格局，海洋生物医药、海水淡化与综合利用、海洋新能源等新一代海洋经济发展势头良好。顺应海洋经济发展趋势和抢抓国家建设海洋强国战略，将推动湾区全面优化海洋经济发展方式，探索海洋保护开发新途径和海洋综合管理新模式，推进海陆统筹、区域协调发展，加快建设海洋经济示范区，为湾区发展海洋经济注入新动力。

四　有关区域协调发展战略为湾区经济分工协作提供新机遇

湾区经济是一种协作经济，必须推进相邻湾区城市优势互补、互动合作才能最大化发挥湾区经济效应。国际上的旧金山湾区、纽约湾区和东京湾区莫不如此。国内的粤港澳大湾区也把推动区域联动发展作为重点，加快促进粤港澳两岸、三地、三种语言、三种货币、多个城市之间的深度融合，充分发挥各地比较优势，创新完善合作体制机制，加强政策和规划协调对接，推动粤港澳间双向合作，促进区域经济社会协同发展，使合作成果惠及各方。长三角区域更高质量一体化也上升为国家战略，为浙江省大湾区主动接杭融沪，吸引沪杭宁人才、资金、科技成果加快向宁波湾区集聚，承接上海先进制造业转移，建设世界级的先进制造业基地，发挥港口优势辐射带动长三角其他地区，实现区域联动发展提供新平台。浙江省大湾区建设进一步凸显宁波湾区的区位、港口、资源和产业优势，为宁波推动湾区体制机制改革创新，构建互联互通交通网络体系，建设浙江省大湾区中心城市，推进宁波都市圈建设，拓展腹地空间，提升城市国际化能级，打造绿色智慧人文和谐的现代化大湾区提供了新机遇。

第三节 新时期湾区经济发展的战略重点和重大举措建议

新时期给湾区经济发展带来重大机遇和新的要求，湾区经济发展的内涵、愿景、原则和重点都将发生深层次的转变。

一 新时期湾区经济发展的目标愿景

创新、协调、绿色、开放、共享的新发展理念已经贯彻到中国经济社会发展的全过程。新时期湾区经济发展也必须贯彻新发展理念，在目标愿景等方面接轨新发展理念的任务要求，重点建设富强、创新、开放、美丽、幸福的"五个湾区"，打造现代化、国际化的美丽幸福湾区。

一是富强湾区。主要考核地区生产总值、GDP占所在区域比重、人均地区生产总值、一般公共预算收入、三次产业结构、智能经济对经济增长的贡献率、海洋产业增加值占GDP比重等指标，要求地区生产总值持续较快增长，智能经济对经济增长的贡献率较高，人均GDP超过2万美元，经济发展迈上新台阶，率先实现现代化，发展质量明显提升，成为名副其实的现代化富强湾区。

二是创新湾区。主要考核R&D经费支出占GDP比重、国家级研发机构数量、每万人发明专利拥有数、战略性新兴产业和高技术产业增加值占规模以上工业增加值比重、科技进步贡献率等指标，要求国家自主创新示范区建设取得积极成效，研发投入占GDP比重超过3%，国家级研发机构数量明显增加，创新能力不断提升，高新技术产业增加值占规模以上工业增加值比重超过50%，科技进步贡献率达到65%，率先迈入国家创新型城市前列，创新生态不断完善。基本形成以智能经济为主导的现代产业体系，成为科教发达、产业兴旺、创新创业活力强劲的现代化创新湾区。

三是开放湾区。主要考核货物吞吐量、年机场旅客吞吐量、海外游客数、跨国公司总部和区域总部数、外贸口岸进出口总额、实际利用外资、营商环境全国排名等，要求世界500强企业落户数大幅增加，外贸口岸进出口总额实现新突破，"一带一路"辐射功能明显增强，贸易投资自由化便利化体制更加完善，高水平对外开放格局基本形成，国际化水平大幅提升，对外交往更加频繁，成为陆海统筹、多元支撑的开放型经济高地。

四是美丽湾区。主要考核蓝绿空间占比、森林覆盖率、空气质量优良天数比率、地表水优良率、人均公共绿地面积等指标，要求生态环境明显改善，形成蓝绿交织、生态宜居的人居环境，实现人与自然和谐共生，湾区生态文明和绿色发展水平显著提高，成为现代化美丽湾区。

五是幸福湾区。主要考核人均可支配收入、15分钟社区生活圈覆盖率、平均受教育年限、千人拥有医生数和人均预期寿命等指标，真正实现"学有优教、病有良医、老有颐养、住有宜居"，人民群众的获得感幸福感显著提升，社会和谐、环境优美，成为令人向往的现代化幸福湾区。

二　新时期湾区经济发展必须坚持的主要原则

按照上述思路，湾区经济发展必须坚持创新驱动、开放引领、生态宜居、统筹联动四大原则。

（一）坚持创新驱动

加快实施创新驱动发展战略，把握科技进步大方向、产业革命大趋势，坚持产业化应用导向，既要夯实基础科学研究、补足高等教育短板，建立健全科技创新体系，促进一大批科技创新成果快速涌现，又要破除科技成果转化障碍，激发存量科技创新成果推广应用，吸引全球高端科技创新成果孵化落地，着力构建以数字经济为引领、具有全球竞争力的现代产业体系。

（二）坚持开放引领

发挥开放经济发展基础优势，创新凝商聚资引技集智模式，对照国际最高标准、查找短板弱项，大胆试、大胆闯、自主改，谋划建立若干高水平开放经济功能平台，推动贸易和投资自由化便利化，在更大范围、更高层次参与全球竞争合作，为打造全球贸易新体系提供试验。加强与全球资源的对接，合力打造全面对接"一带一路"、具有国际影响力的现代化大湾区。

（三）坚持生态宜居

坚持以人为本、生态为纲，统筹协调推进湾区经济、文化、社会、生态文明建设，高标准打造生态宜居、智能低碳的人居环境，打造独具魅力的"海—湾—城"特色景观，实现人与自然和谐发展，全面综合提升宜居宜业城市品质，建设生产发展、生活富裕、生态良好的现代化生态宜居湾区。

（四）坚持统筹联动

建立衔接高效、合作紧密的湾区开发跨区域协调机制，在继续保持和激励县域经济积极性基础上，强化要素资源统筹利用和集中规划布局，强有力推动湾区经济各板块有序开发、错位发展，加强与周边省市、区域乃至全国的统筹联动，塑造湾区经济新优势。

三　新时期湾区经济发展的重点

推动湾区经济发展必须坚持世界眼光、高点站位，统筹谋划湾区经济发展定位，推动更高质量、更高能级发展，协同带动周边区域联动发展，重点在产业发展、创新创业、交通网络、对外开放、生态宜居城市等方面取得新突破。

一是建设全国领先的现代产业创新中心。围绕智能制造、汽车、电子信息、新材料等重点产业，以技术创新和创业孵化为核心，坚持核心技术突破和商业模式创新并举，推动创新驱动发展，形成推进科技创新强大合力，建设全国领先的现代产业创新中心，形成"世界科技＋中国产业＋全球市场"的发展格局。建立健全科技创新治理体系，搭建科技创新成果转移体系，建立技术创新市场导向机制，构建高效的技术转移服务网络，推进科技创新管理体制机制改革，营造产业创新良好环境。

二是打造全国数字经济创新发展示范区。以数字经济为引领，结合湾区先进制造、海洋产业发展优势，打造以智能制造为主导、智慧海洋为重点的数字经济产业体系，融合带动高端生产性服务业、品质生活性服务业，通过产业创新重塑智能制造发展新优势，通过技术创新培育智慧海洋产业发展新引擎，通过模式创新营造最佳商业发展环境。

三是建设更具国际吸引力的开放经济新高地。以投资贸易便利化、港航物流合作、产业科技合作、人文交流等为重点，加快推进"一带一路"开放合作，创新贸易投资体制，建设自由贸易区和自由贸易港，打造高能级对外开放平台，完善法治化国际化便利化营商环境，培植对外开放竞争新优势，建成区域性国际贸易中心城市和现代化国际港口城市。着力调整优化贸易结构、转变外贸发展方式，提升中国外贸在全球价值链中的地位，提高外贸增长的质量和效益，实现外贸持续健康发展。

四是打造链接全球的国际综合交通枢纽。以世界级枢纽港口、千万级机场为依托，以航线网络、通道网络、多式联运为纽带，建成以公、铁、水、空和管道多种运输方式高效衔接为特征的湾区综合交通网络体系，全面打造链接全球的国际综合交通枢纽。

五是建设更具国际知名度的生态宜居城市。按照全域城市化理念，统筹推动中心城区、滨海新城、特色小镇和美丽乡村发展，促进城乡空间紧凑、集约、融合，形成开放高效、多中心、网络化城镇布局。坚持高质量发展的要求，建设美好生活品质城，推动"智慧"

"宜居""绿色"为特征的湾区城市品质建设，围绕国际人士的医疗、教育、出入境等便利化需求，营造国际化的人居环境，不断提升城市发展质量和国际化水平，打造彰显滨海特色和更具人文魅力的生态宜居智慧的"国际名城"。

第九章　海南省旅游产业体系
发展思路研究

海南省加快建立开放型生态型服务型产业体系，旅游业是龙头。正如习近平总书记在庆祝海南建省办经济特区 30 周年大会上所言，海南发展不能以转口贸易和加工制造为重点，而要以发展旅游业、现代服务业、高新技术产业为主导。海南省旅游业资源禀赋好，市场向往度和美誉度高，旅游业态丰富，具有加快发展、构建现代旅游业产业体系的较好基础。但也面临着发展层次不高、产业链条不完整、体制机制制约较多、要素支撑保障能力和国际化发展水平有待提升等现实制约和问题，亟须厘清思路，找准重点，以更具突破性的政策措施推动旅游业加快发展。

第一节　海南省旅游业发展基础条件分析

一　先导产业特征突出

旅游业是海南省产业发展的先导。近年来，海南省旅游产业快速发展，对全省 GDP 的贡献率逐年提高，以旅游业为主导、多元共进的产业体系初具雏形，特色产业优势日益彰显。2017 年海南省旅游业完成增加值 347.74 亿元，比上年增长 10.0%，占海南省 GDP 比重达 7.8%。接待国内外游客总人数 6745.01 万人次，比上年增长 12.0%；其中接待旅游过夜人数 5591.43 万人次，比上年增长

12.3%。旅游总收入811.99亿元，比上年增长20.8%。年末全省共有挂牌星级宾馆133家，其中五星级宾馆26家，四星级宾馆41家，三星级宾馆58家。

二 资源禀赋独具特色

海南省旅游资源总量丰富，种类相对齐全，涵盖8个主类、30个亚类、135个基本类型，占全国155种基本类型的87%。特别是，海南拥有热带海岛特色的自然资源在国内具有唯一性，灿烂阳光、金色沙滩、优质空气、湛蓝海水"四要素"俱全，是中国唯一媲美夏威夷、巴厘岛等国际知名热带海岛的四季无冬旅游海岛。以黎苗文化为特色，海丝文化、时尚文化、非物质文化遗产、历史文化、流放文化、名人文化、红色文化、军垦文化、侨乡文化、宗教文化等融合发展也成为海南独具特色的文化优势。从空间上看，海南省拥有山地森林、台地、滨海、海洋等四大自然圈层，与历史民俗、渔家文化、南海文化、民族文化等人文资源组团叠加融合，形成多元发展潜力。

三 旅游产品业态丰富多元

近年来，海南省加快构建富有海南特色的十大旅游产品体系。目前，海南省已建设三亚亚龙湾、海棠湾、三亚湾、大东海，万宁神州半岛、石梅湾，海口西海岸、陵水清水湾、琼海博鳌湾9个成熟的滨海旅游度假区，基本形成"一岛、两极、两圈、六组团"的旅游发展空间格局。三亚凤凰岛国际邮轮港已建成8万吨的码头泊位，共接待国际邮轮超过1000艘次，出入境游客165万人次。打造了呀诺达热带雨林文化旅游区、亚龙湾热带天堂森林旅游区、南湾猴岛生态旅游区、尖峰岭国家森林公园4个精品森林生态旅游景区。培育了全国休闲农业与乡村旅游示范县2个、示范点10家，正在建设的特色小镇超过100家。婚庆旅游、免税购物旅游、会奖旅游、康体旅游、温泉旅游得到了极大发展，近海休闲、低空飞行、房车旅游、教育旅游逐步形成新的旅游消费热点，人均旅游消费大幅增长。亚特兰蒂斯项目建成投产，成为海南休闲度假旅游新标杆。目前海南规划建设中的大型旅游项目包括长影"环球100"主题乐园、中国海南海花岛、万达文化旅游城、绿地海南国际旅游城、富力海洋公园等。随着规划旅游项目陆续开园，旅游人数将大幅增加，持续提升海南旅游热度。

第二节　面临的突出问题和瓶颈

一　发展层次不高

由于海南省经济总量小，总体发展水平不高，海南省旅游业高度依赖外源市场。海南省在全国旅游发展中处于中等水平，旅游收入总量不高，且近年来增速低于全国平均增速。海南省旅游服务质量和水平不高，旅游服务标准体系还不够完善，标准化水平有待提升，与建设国际旅游岛的要求相比还有很大差距。海南中、西部与东部旅游差距较大，发展不均衡，旅游淡旺季差别明显，旅游业态单一，特色旅游商品开发不足、品质不高等问题也比较突出。

二　比较优势不突出

虽然海南拥有的热带海岛特色的自然资源在国内具有唯一性，灿烂阳光、金色沙滩、优质空气、湛蓝海水"四要素"俱全。但是，与夏威夷、巴厘岛等国际知名热带海岛相比，知名度和旅游体验差距较大。和越南、印度尼西亚、马来西亚、菲律宾等国家岛屿相比，可替代性强、价格偏高，吸引国际旅客的能力不足。甚至很多原来偏爱海南的国内旅客和俄罗斯游客也纷纷选择东南亚其他国家旅游目的地，导致海南旅游业在国际市场上的竞争力不断走低。部分旅游产品起个大早、赶个晚集。例如，三亚凤凰岛国际邮轮港是中国第一个国际邮轮专用港，2012 年邮轮到访靠泊艘次及旅客吞吐量均居全国第一。然而，随着上海、天津、厦门、深圳、广州等地邮轮产业发展，海南邮轮产业发展的问题逐渐显现，近年来海南接待邮轮艘次及出入境人数逐年下滑，排名甚至位列中国沿海邮轮港口倒数第一。

三　国际化水平有待提升

海南对外开放程度不够高，对外交流合作不足，旅游系统出境出国宣传推广促销机制尚未建立，外资投资较少，国际化语言环境落后，国际直达航线不多，国际知名度和影响力还有待提升，在旅游产品、旅游标准、旅游服务、旅游交通和旅游人才等方面与国内外游客中高端服务型消费需求不相适应，与国际旅游目的地的要求也存在较大差距。

四　要素支撑保障不足

主要表现为旅游基础设施和配套不够完善、旅游专业人才支撑不足等。一是交通基础设施配套不完善。机场运力尚难满足市场需求，城市旅游公交、汽车租赁服务供给不足；岛内通往旅游景区和乡村旅游点、森林旅游区的道路和交通标识还需改善。二是旅游综合服务区配套不足。高速路和一些景区的综合服务设施不够完善，餐饮、住宿、卫生、旅游咨询和医疗救助等功能不足，海口、三亚等重点旅游城市还缺乏综合性大型游客集散中心。三是旅游信息化水平有待提高，尚没有做到移动 Wi-Fi 的全覆盖。四是旅游人才较为缺乏，整体素质亟待提升。

五　体制机制束缚较多

签证政策不够便利，外国游客必须依靠旅行社将名单提交边检部门报备才能实现免签，离济州岛、普吉岛和巴厘岛等免签政策可以实现游客拿起护照"说走就走"仍有很大差距。离岛免税政策、低空开放和通用航空发展、旅游教育的国际合作等政策含金量不高，具体推进实施困难重重。邮轮航线开辟缓慢，外国船舶停靠必须获得交通运输部批准，影响海南邮轮市场未来发展潜力。口岸监管便利化程度不高，对外籍停靠游艇征收高达游艇价值40%的保证金等，给游艇产业发展带来较大制约。

第三节　未来发展思路

综上所述，海南旅游业发展进入"不迎则滞、不进则退、不谋则偏"的关键阶段。必须紧紧把握海南全岛建设自由贸易港的战略机遇，利用好国家赋予的战略使命和政策叠加优势，进一步解放思想，深化改革开放，弥补短板，重点在体制机制、扩大开放和优化服务上做文章，努力提升海南旅游产业发展水平。要按照"国际化、全域化、融合化、一体化"发展思路，进一步擦亮"国际旅游岛"独特品牌，拓展旅游消费发展空间，提升旅游消费服务质量，培育旅游消费新业态、新热点，推进旅游消费国际化发展，加快构建以观光旅游为基础、休闲度假为重点、文体旅游和健康旅游为特色的旅游产业体系，推进全域旅游发展，促进旅游业发展理念由传统景点旅游向全域旅游转变，旅游产品由观光旅游向深度体验、休闲度假旅游转变，旅游发展模式由数量增长向质量提升、优质旅游转变，旅游发展空间由单一海洋旅游向陆海统筹转变。

——国际化提升。积极打造世界级的旅游景区、度假区和旅游综合体，从产品体系、形象营销与体制保障等角度出发，全方位打造国际知名旅游品牌，提升旅游产品的国际化水平，逐步培育海南旅游品牌的忠诚度、美誉度与知名度。加快提升旅游服务、旅游环境和旅游管理的国际化水平，构建"国际化、标准化、信息化"的旅游服务体系。强化海南国际市场营销，增强国际影响力。

——全域化发展。注重点、线、面相结合，重点推进精品旅游城市、旅游产业园区、旅游综合体、旅游度假区、景区景点、特色风情

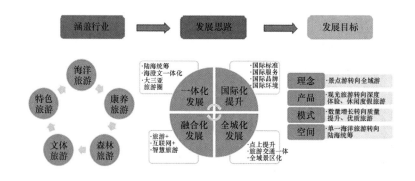

图 9 - 1   海南省旅游产业发展思路

小镇、乡村旅游点和特色街区八类"点"建设；推进全域旅游"线"的建设，加快推动建立四通八达、无缝对接、高效便捷的交通服务体系；注重"面"上统筹规划布局，将全省作为一个大景区打造，使全省各地均成为宜游、宜购、宜行的旅游度假天堂。

——融合化发展。实施"旅游＋"战略，加快推进旅游业与热带农业、海洋产业、文化产业、健康产业、工业等产业的融合，形成一批新型旅游业态，构筑海南特色的泛旅游产业体系。实施"互联网＋"战略，构建旅游发展信息平台。健全线上线下旅游信息发布平台，建立数字旅游社区和智慧生活平台，打破传统信息传播单向弊端，打造全方位海南智慧旅游系统，促进海南旅游智慧型增长。

——一体化发展。摒弃本岛思维，注重陆海统筹。优先发展海澄文一体化综合经济圈和大三亚旅游经济圈，有序带动东部、西部国际化发展，稳步推动中部、三沙旅游崛起，逐步实现陆海资源综合开发、空间布局统筹优化、区域经济协调发展，形成合理的旅游业发展格局。优化旅游资源配置，在全省范围内实现优势互补和差异化发展，提高旅游资源利用率，避免低水平、重复、无序开发。

第四节　重点领域

一　观光休闲旅游

——打造国内一流的滨海旅游目的地。整合滨海旅游资源，升级滨海度假产品质量，着力打造一批滨海精品度假项目，培育一批具有国际水平的滨海休闲度假品牌。继续推进海棠湾、亚龙湾、清水湾等热带滨海休闲度假海湾建设，加快儋州海花岛、国际旅游岛先行试验区海洋欢乐世界等一批滨海旅游综合体开发。丰富休闲渔业和沙滩、近海水上运动项目及创意活动类型。探索开通环岛观光巴士，丰富游客体验。

——大力发展邮轮旅游。鼓励吸引国际邮轮注册，发展国际邮轮和外国游客入境旅游业务。对外国旅游团乘坐邮轮入境实行 15 天免签。加强海南邮轮航线与国内滨海城市、港口的航线对接，设计具有海南特色的邮轮线路，支持开通环海南岛和跨国邮轮旅游航线，研究扩大邮轮航线至更多国家和地区。加快推进三亚向国际邮轮母港方向发展，以全球领先的优质服务支撑"国际高端消费中心"建设。

——积极开发帆船、游艇及海钓旅游。加快建设一批高水平综合性游艇码头和帆船、游艇码头和俱乐部，设计主题化环岛游艇休闲旅游线路。鼓励发展海钓旅游，优化海钓生态和市场环境，建设一批休闲海钓示范基地，推出主题海钓旅游线路，通过定期举办海钓赛事或节庆活动，扩大海南海钓旅游的市场影响。放宽游艇旅游管制，简化入境手续，探索在海南省管辖海域对境外游艇实施游览水域负面清单管理。降低游艇入境门槛，进一步提升游艇通关便利化水平，对海南自驾游进境游艇实施免担保政策。逐步引进国际运营商，丰富帆船、游艇旅游产品，提升产业效益，把海南建设成为世界帆船、游艇旅游高地。

——稳步推进三沙旅游。以西沙邮轮旅游为基础，积极推进海陆空立体旅游方式，进一步完善永兴岛、七连屿、晋卿岛、甘泉岛等岛屿旅游基础设施建设，将三沙打造成升级版的亚太国际邮轮服务业集聚区。强化三沙生态环境保护，发展岛礁观光旅游，逐步构建海洋生态观光、海洋休闲运动、海岛养生度假、海岛蜜月风情等四大特色品牌，高水平开发邮轮和海岛度假旅游、渔业体验休闲旅游、远海观光科考旅游，构建完整海洋旅游产品体系。

二　文体旅游

——深度开发文化旅游产品。充分利用滨海、山地、森林、湖泊、河流、田园乡村、小镇、城市以及历史文化、民族民俗文化等空间与资源，推动文化与旅游相结合，大力发展动漫游戏、网络文化、数字艺术、数字阅读、知识产权交易等新型文化消费业态。发展国际版权贸易，鼓励具有中国特色的影视、出版、演艺、动漫、游戏、软件等产业的版权输出。以发展年轻人的产业为契机，积极引进、培育一批开展文体旅游的国际公司和专业人才，对接国际文体旅游市场。

——大力发展会展节庆旅游。允许境外组织机构在海南举办符合国家法律规定的会展。高水平建设一批国际化的会展设施。重点打造海口、三亚、琼海国际会展集聚区。对接国际会展活动通行规则，引进顶级专业会展公司，高水平举办国际商品博览会、国际品牌博览会、国际电影节、国际时装周、国际音乐节等大型国际展览会和世界级节事活动。举办海上丝绸之路文化旅游节，做大做强海南世界休闲旅游博览会、海南国际旅游美食展、海南国际旅游岛欢乐节。挖掘历史文化、民俗文化、"海上丝绸之路"海洋文化资源，打造东坡文化节、冼夫人文化节、换花节等特色节庆品牌。

——加强旅游与体育融合。全面推进体育与旅游产业融合发展，建立完善的体育旅游产品体系和产业政策体系，建设国家体育旅游示范区。鼓励沙滩运动、水上运动、赛马运动、航空运动、汽车摩托车运动、户外运动等项目发展。支持海南加快探索休闲渔业规范化管理，有序发展海钓游。放宽参赛运动船艇、飞行器、汽车摩托车的入境限制。加快建设国家体育训练南方基地，打造一批国际一流的运动训练和赛事基地。积极开展赛事展览、运动培训和休闲体验，打造体育运动休闲度假小镇，培育滨海休闲体育运动消费市场。探索发展竞猜型体育彩票和大型国际赛事即开型彩票。

三　健康旅游

——打造中国健康旅游旗舰。大力推进博鳌乐城国际医疗旅游先行区建设，鼓励高新医疗技术研发，高端医疗装备、新药品的应用，重点发展特许医疗、健康管理、照护康复、医学美容和抗衰老等产业，将先行区建成世界一流水平的国际医疗旅游目的地。加强海南和三亚国际旅行卫生保健中心建设，为广大出入境人员提供高水平国际旅行卫生服务。鼓励现有医疗机构扩大疗养服务范围，支持建设集休闲度假、医疗服务于一体的休闲疗养项目，塑造康养旅游品牌。

——提升温泉旅游产品品质。对接国际标准，以温泉休闲度假为核心，开发中医康疗、养生运动、美容美体等配套产品，提升海口观澜湖、三亚南田、儋州蓝洋、琼海官塘、万宁兴隆、保亭七仙岭等精品温泉旅游产业聚集区，支持开发文昌官新、万宁尖岭、东方马龙、澄迈九乐宫、定安久温塘等温泉旅游度假区，发展温泉特色康养旅游。

——提升健康旅游国际化水平。引进提升一批国际高端康养旅游项目。大力提升旅游基础设施、旅游服务、医疗和管理运营的国际化水平，树立海南国际康养旅游品牌，打造国际康养旅游目的地。创新康养旅游产品类型，全面提升康养旅游产品品质，积极引入和培育更多市场主体，进一步扩大市场投资规模，重点完善医疗健康、养老旅游产业链，打造康养旅游产业集聚区。

四　促进特色旅游产业发展

——森林旅游。科学规划和建设五指山、霸王岭、尖峰岭、吊罗山、七仙岭、黎母山、兴隆、新盈、蓝洋等国家森林公园。建设连通森林公园和滨海湿地的生态廊道和生态型交通网络体系，整体打造海南热带雨林品牌。发挥森林生态优势，做强森林和温泉养生度假，建设森林养生公寓、度假村、疗养医院等一批高端、低密度的养生度假设施，丰富康养旅游新业态，打造森林生态养生度假国际品牌。深化森林生态旅游体验功能，打造雨林人家、主题博物馆、热带雨林户外运动基地、奇幻雨林、养生山吧等多元化特色旅游项目。完善森林观光、度假养生、运动探险、野生动物观赏、雨林科普等森林生态旅游产品体系。推动森林小镇开发主题化，打造黎母山黎族风情体验小镇，吊罗山绿色生态人居小镇，配套特色休闲娱乐项目。开发包括雨林旅游工艺品、雨林旅游装备品、雨林热带水果品等雨林主题特色商品。

——乡村旅游。加强政策扶持和示范引领，突出海南特色，结合热带高效农业，开发具有海南特色的"文化体验类""民俗农庄类""科普教育类""会议度假类""休闲运动类""特色餐饮类"等各类乡村旅游产品，形成若干具有全国乃至国际影响力的乡村旅游品牌。因地制宜发展集循环农业、创意农业、农事体验于一体的田园综合体，培育农旅融合发展新业态，提升农业综合效益。发挥乡村旅游经济带动作用，促进农副产品、手工艺品、旅游用品、纪念品深加工及商贸、休闲地产、运输等产业发展，助力海南乡村旅游产业结构转型升级。

——购物旅游。积极释放免税购物政策红利，提升免税购物限额，扩大免税商品品种，统一岛内居民与岛外旅客免税购物政策，将政策适用范围扩大到乘船离岛旅客以及扩大邮寄送达提货模式适用范围。积极开发本土特色旅游商品，打造海南黎锦苗绣、椰壳贝艺、海南木雕、椰子食品、咖啡茶叶、热带水果6大特色商品品牌，推进特色食品、丝绸织锦、文化创意等10类旅游商品开发。加强"海南礼物"旅游商品平台建设，完善线上线下展示和销售渠道。

　　——低空飞行旅游。深化低空空域管理服务保障示范区建设，探索在适宜的景点景区、特色城镇开展热气球、直升机、水上飞机等通航观光体验和翼装、滑翔、跳伞等航空运动。优化低空旅游发展环境，开通覆盖全岛的低空旅游航线，建设海口、三亚、三沙、琼海等低空飞行试点基地，鼓励通用航空企业开发空中婚礼游、热带海岛休闲游、海岸线观光游、火山口和原始森林探秘游、伞降和滑翔极限运动游、低空飞行表演游等低空旅游产品。

　　——自驾车房车露营旅游。完善房车管理和运营机制，加快推进示范性房车营地建设，重点建设雷琼世界地质公园、铜鼓岭、尖峰岭、棋子湾、火山海岸、五指山等一批国际化、标准化、生态化的汽车旅馆和自驾车房车露营基地。做好游线规划，依托重点旅游城市、旅游景区、旅游小城镇和旅游度假区，结合全省精品旅游线路，设计并推出一批海岛特色自驾旅游线路，逐步构建覆盖全岛的自驾车房车露营服务体系。

　　——婚庆旅游。进一步开发游艇婚礼、邮轮婚礼、海湾婚礼、黎苗民俗婚礼等10类婚庆旅游产品。整合打造天涯海角、热带天堂森林公园、大小洞天、海口观澜湖等12个特色婚庆基地。加快完善婚庆旅游产业链，举办婚庆节庆会展活动，发展婚纱摄影、婚礼目的地、蜜月旅游、婚礼用品等特色婚庆经济，培育一批婚庆旅游品牌企业，培育海岛婚庆旅游品牌，打造以美丽、幸福和爱情为特色的"东方婚庆岛"。

表9-1　　　　　　　　　　海南省旅游园区发展重点

园区名称	地点	主导产业	发展重点
海口观澜湖旅游度假区	海口	体育休闲旅游	集运动、赛事、保健、养生、文化、娱乐、美食、商务、商业、培训、居住于一体的运动文化休闲产业
三亚海棠湾国家海岸休闲度假区	三亚	滨海度假旅游	发展国际展贸及购物、医疗健康、文化娱乐、信息等产业，打造国家级乃至世界级的旅游休闲度假区和海南现代服务业示范区

续表

园区名称	地点	主导产业	发展重点
三亚邮轮母港	三亚	邮轮旅游	邮轮补给等配套服务、邮轮旅游、旅游地产、商业配套、跨境购物等高端服务产业
三沙海洋旅游	三沙	海洋旅游	岛礁观光旅游、海洋休闲运动、海岛养生度假、海岛蜜月风情等项目
清水湾旅游度假区	陵水	滨海度假旅游	休闲度假、沙滩和水上运动、商务等滨海旅游度假项目
儋州海花岛旅游度假区	儋州	文化旅游	滨海度假、文化娱乐、康体疗养、商务会议、主题公园、沙滩泳场、游艇会等为主题特色的综合文化旅游休闲度假项目

第五节　重大举措建议

为改变海南旅游业发展的弱势地位，必须出台超常规的重大政策措施，并持之以恒地落实推进。

一　实施旅游业发展提升工程

把旅游发展作为未来5年海南省推进自由贸易港建设的重点工程，由省委主要领导担任海南旅游业发展领导小组组长，由发改委、旅游委、三亚市、海口市等主要领导担任小组成员，设立领导小组办公室，每个月定期向领导小组组长汇报旅游业发展建设的进展和情况，研究解决旅游业发展中存在的问题，制定旅游业发展战略和规划等。

二　加大改革创新力度

针对签证政策不够便利，离岛免税政策、低空开放和通用航空发展、旅游教育的国际合作等政策含金量不高，国际医疗开放不足、邮轮航线开辟缓慢、保证金过高等瓶颈问题，利用国家支持海南全岛建设自由贸易港契机，建议相关部门加大政策瓶颈梳理力度，集中打包向党中央、国务院申请政策突破、先行先试，扫清制约旅游业新业态发展的制度障碍。必要时可报请全国人大批准授权，由海南地方立法，推动一批在海南先行先试的重大举措，促进知识、资本、技术等高端要素顺畅流动，加快向海南岛汇聚，保障旅游新业态健康发展。

三　积极对接重大项目

由于海南自身经济体量小、要素资源素质水平偏低，仅靠海南自身积累很难实现旅游业大发展和自由贸易港建设目标。必须加大向中央部门、中央企业对接重大项目力度，要发挥好国务院推进海南全面深化改革开放领导小组办公室的作用，组织招商会、洽谈会、协调会，加大各个部门对海南支持政策的落实力度，扩大中关村、中青旅等重点园区、重点企业对海南的重点帮扶和项目合作力度。

四　加快重大政策落实

建议由海南省发改委、旅游委牵头系统梳理党中央、国务院出台的支持海南发展"1＋N"政策体系，根据任务重要性排出时间表和路线图，并分工到责任部门和责任人，积极推进旅游基础设施完善、智慧服务水平提高、高端要素集聚、旅游用海用地审批、全域旅游监管平台建设等重要工作，以钉钉子的精神促进政策体系中有关旅游业发展的重大政策的落实。推动简化游艇审批手续、放宽航行条件、降低准入门槛和游艇登记、航行旅游、停泊、维护的总体成本。创新担保模式，降低境外游艇入境担保成本，逐步向境外游艇"免担保"递进。

五　持续推进扩大开放

开放是海南建设国际旅游岛的本质要求。要进一步优化国际化旅游环境，加强对59国免签政策和落地签政策的宣传力度，规范免签和落地签的相关服务体系。实施更加便利的离岛免税政策，建设时尚高端消费品设计展示交易中心，吸引全球时尚高端消费品牌入驻，打造全球免税购物中心和时尚消费中心。着力提高海南世界知名度。创新宣传方式，加大海南在全球主流媒体和网络上的曝光率。积极承办各类国际赛事和文化活动，利用国际体育赛事和国际性文化娱乐活动提升海南知名度。主动邀请重点客源市场涉旅企业代表、重点客户群代表等到海南参观考察，通过主动"请进来"扩大海南的口碑效应。加大对俄罗斯、中国香港地区、中国台湾地区、韩国等十大境外客源市场"走出去"促销力度，打造一批"发现海南""体验海南""拥抱海南"等海南旅游名片。

第十章　青岛蓝谷海洋产业转型升级路径研究

青岛蓝谷产业发展要依托现有产业基础，发挥蓝谷海洋科技资源富集优势，顺应国际海洋产业发展大趋势，坚持世界眼光、国际标准，结合未来海洋产业发展需求，集中创新资源，突出创新、协调、绿色、开放、共享的发展理念，按照高端化、集群化、信息化、绿色化、国际化发展路径，大力推动海洋传统产业向新兴产业转型，传统制造业向现代服务业、未来科技产业转型，做强做优有竞争力的海洋科技服务业，加快做大有潜力的海洋新兴产业，积极培育有特色的滨海服务业，不断扩大海洋经济开发开放领域，推动海洋产业转型升级。

第一节　做强做优有竞争力的海洋科技服务业

一　发展基础

青岛蓝谷拥有40多家科研机构，科技研发基础好、成果多，在科技研发服务、教育培训服务、检验检测服务以及成果转化与创业孵化服务等四大行业具有良好的要素条件和产业基础。目前已集聚了青岛海洋科学与技术试点国家实验室、国家深海基地、国家海洋设备质检中心、国家海洋局第一海洋研究所蓝色硅谷研究院、国土资源部青岛海洋地质研究所、国家水下文化遗产保护北海基地、国家海洋局北海分局预警监测基地、国家海洋技术（青岛）中心等20多家"国字号"科研平台。山东大学、天津大学、武汉理工大学、西北工业大学、四川大学、中央美术学院等22所全国知名高校、科研院所在青岛蓝谷设立校区、研究院和校企联合研发中心。青岛蓝谷已引进国内外院士、国家"千人计划"专家等高层次人才近300名。科技创新成果不断涌现，目前青岛蓝谷科研院所发明专利申请量已累计达到近700件，授权量达到520件，技术合同累计完成45项，成交额达到1.39亿元。培育重大科技成果产业化项目22个，签订国际科技成果产业化合作协议10个。获资质认定孵化器达到3家。蓝谷创业中心被认定为青岛市标杆孵化器，已组建"海洋＋"专业创客空间10家，入选国家级众创空间1家、省级众创空间1家。科学计算与系统仿真平台等5个国家级公共研发平台陆续建成启用。青岛蓝谷已经被评为全国科技兴海产业示范基地，是山东建设海洋强省的核心区域，其中研究建设的3个项目已经纳入"十三五"国家海洋经济创新发展示范城市项目库，36个项目纳入省、市新旧动能转换工作项目库，71个项目纳入省、市级重点项目。

二　面临机遇

通过对国内外海洋科技研发服务行业的研究分析，我们认为在海洋科技研发服务、教育培训服务、检验检测服务以及成果转化与创业孵化服务等领域具有巨大的市场潜力与持续高速发展的市场趋势。

从科技研发服务业来看，2014年10月28日，国务院发布了《关于加快科技服务业发展的若干意见》，提出到2020年科技服务业产业规模达到8万亿元；《2017—2022年中国科技服务行业市场需求与投资咨询报告》表明，中国科技服务业发展目前处于起步阶段，但发展势头良好，社会上涌现出一批专业化服务机构和龙头企业，不断开展业态创新和模式创新。

从教育培训服务业来看，中国教育培训业规模递增速度不断提高，潜在市场规模巨大，并保持着迅猛的发展态势，教育培训业被认为是 21 世纪最朝阳产业之一。据中国产业调研网发布的 2018 年中国教育培训市场专题研究分析与发展趋势预测报告显示，培训教育业的连锁企业数量稳步增长，主要教育培训连锁品牌的店铺增长率约 26%。教育培训行业呈现出几大趋势："互联网＋教育"持续喷发、幼儿教育市场与素质教育发展潜力巨大、得"网红"者得天下以及虚拟产品和线上支付意愿快速提高。

从检验检测服务来看，近年来检验检测服务业先后被国家列为高技术服务业、科技服务业、生产性服务业，体现了国家及各行业对检验检测机构的重视和支持。根据中国产业信息网的推算，近年来全球检验检测服务业市场规模平均增速约 10%，据埃士信信息咨询公司（IHS）预测，2020 年全球潜在检验检测服务业市场规模将超过 2000亿欧元。行业发展趋势：检验检测服务业将进一步市场化，第三方检验检测服务机构将进一步发展壮大，行业内将涌现一批地域覆盖范围广、检测项目多的综合性大型企业。

从成果转化与创业孵化服务来看，据统计，全国年度科技成果登记数量稳步提高。在大众创业、万众创新热潮中，创业孵化服务迅速崛起。日前发布的《国家科技企业孵化器"十三五"发展规划》指出，"十二五"期间，中国孵化器发展突飞猛进，数量全球领先，并完成全国布局。众创空间、孵化器、加速器形成了服务种子期、初创期、成长期等围绕创业企业发展的全孵化链条，助推创业孵化由"器"之形向"业"之态转变，创业孵化作为科技服务业的重要组成部分显现勃勃生机。

与此同时，国家政策支持力度也在不断加大。目前在各项法律法规、战略规划、财税政策等方面，国家对科技研发服务、教育培训服务、检验检测服务以及成果转化与创业孵化服务给予了诸多支持。如在科技研发服务方面，国家海洋局 2001 年 9 月发布了《海洋科技成果登记办法》。随后，又陆续制定了《国家海洋局重点实验室管理办法》《海洋公益性科研专项经费管理暂行办法》《中国极地科学战略研究基金项目管理办法》《国家海洋局青年海洋科学基金管理办法》等。2012年1月，科技部制定并发布《现代服务业科技发展"十二五"专项规划》，提出科技服务业五大发展重点和六大支撑工程。2014年8月19日，国务院总理李克强主持召开国务院常务会议，部署加快发展科技服务业、为创新驱动提供支撑。会议强调，发展科技服务业是调整结构稳增长和提质增效、促进科技与经济深度融合的重要举措，是实现科技创新引领产业升级、推动经济向中高端水平迈进不可或缺的重要一环。2014年10月28日，国务院发布了《关于加快科技服务业发展的若干意见》。为适应科技服务业发展新的形势和要求，2015年4月17日，国家统计局发布了《国家科技服务业统计分类（2015）》。

在教育培训服务业方面，海洋教育的政策不断涌现，主要分散在各项法律法规、战略规划中，其中在国家层面上包括《国家海洋事业发展规划纲要》《国家"十一五"海洋科学和技术发展规划纲要》《国家"十二五"海洋科学和技术发展规划纲要》《国家中长期教育改革和发展规划纲要（2010—2020年)》《全国海洋意识教育基地管理暂行办法》《关于进一步加强海洋标准化工作的若干意见》《全国海洋人才发展中长期规划纲要》，等等。2010年10月国务院印发了《关于加快培育和发展战略性新兴产业的决定》，在决定中明确提出战略性新兴产业发展的七大重点领域，要求"加快海洋生物技术及产品的研发和产业化"，《山东半岛蓝色经济区发展规划》对山东半岛作为蓝色经济区发展做出了政策规划，在其"科教篇"中也涉及山东海洋教育的针对性发展规划，即"打造全国重要的海洋教育中心，加强海洋专业学院建设"，具体的政策表现为"支持海大、山东等高校发展特色海洋学科专业，建立特色院校、联合研究所等"。

在检验检测服务方面，2015年3月正式印发《全国质检系统检验检测认证机构整合指导意见》，文件明确了质检系统检验检测认证机构按照公益类和经营类"两类机构"进行整合的分类要求，提出了供各地选择或参照的五种整合模式，部署了质检系统整合改革的三大重点任务、六大改革试点和四项保障措施。

在成果转化与创业孵化服务方面，2016 年，教育部、科技部相继发布了《关于加强高等学校科技成果转移转化工作的若干意见》《促进高等学校科技成果转移转化行动计划》两项文件，提出加强科技成果转化工作的一系列措施。2016 年国务院办公厅出台《促进科技成果转移转化行动方案》，2016 年 8 月教育部、科技部出台《关于加强高等学校科技成果转移转化工作的若干意见》，此外，中科院也在 2016 年 8 月出台《中国科学院关于新时期加快促进科技成果转移转化指导意见》，并在意见中明确指出简政放权、充分调动科研人员积极性，从而加快促进科技成果转移转化。2018 年 5 月山东省委、省政府出台《山东海洋强省建设行动方案》，提出畅通科技成果转化渠道，加快建设济青烟国家科技成果转移转化示范区，对从事科技成果转化的相关人员可以按照有关规定领取奖金和报酬。

综上所述，蓝谷发展科技研发服务业具有较好的基础条件和优势，加上国内外市场空间不断成长，政策支持力度不断加大，未来转型升级发展空间广阔。

三 转型升级思路与目标

推进全面创新改革试点，完善海洋科技创新体系，增强自主创新能力，培育产业发展新动能，增强海洋科技对海洋经济发展的支撑和引领作用。统筹海洋科技资源，优化公共服务平台建设，强化与国内外企业的科技创新合作交流，培育建设一批海洋技术创新平台，为海洋经济发展提供有力的科技支撑。坚持多主体协同创新机制，探索协同创新模式，充分利用高校、科研院所的创新资源，进一步推进高新区孵化器、创业孵化器等科技孵化载体建设，促进科研产出和推动科研成果产业化，构建具有国际竞争力的海洋创新和技术成果高效转化示范区。实施海洋人才战略，建立海洋人才智库，将海洋经济发展示范区建设成为现代海洋高端人才的聚集地。同时，注重发挥科技服务业发展的引领优势，通过科技进步改造提升蓝谷、青岛乃至整个山东省海洋传统产业，促进海洋产业转型升级，不断提升产业竞争力，形成以技术创新和结构调整为重点，技术领先、结构合理、绿色发展的海洋产业体系，推动传统海洋产业从粗放发展向精益发展转变、从要素驱动向技术驱动转变、从低端竞争向高端升级转变、从过度开发向绿色发展转变，形成一批具有国际影响力的海洋龙头企业和知名品牌，奠定建设海洋强国坚实基础。

突出青岛蓝谷引擎地位，围绕建设国际一流的海洋科技研发中心，继续加快山东大学青岛校区、青岛海洋科学与技术试点国家实验室、设备质检中心等重点项目建设，大力引进海洋科研机构，推动涉海科研机构、大院大所、社会化新型研发机构集聚，开展海洋科学探索、涉海基础研究和应用技术研究，提升海洋基础性、前瞻性和关键性技术创新与研发能力，提高中国海洋自主创新能力，完善科技与资本深度结合、多元化投资并存的创新生态系统，不断提升蓝谷科技研发和现代服务业的辐射力、影响力，使蓝谷成为山东省海洋科技研发中心，中国北方海洋科技服务业辐射中枢，努力打造中国重要的海洋科技创新中心和国际知名的海洋创新高地。到 2020 年涉海高端科研机构数超过 60 家，海洋科技服务业产值超过 100 亿元，2025 年超过 200 亿元，2035 年超过 500 亿元，成为中国海洋科技服务业发展高地。

四　转型升级重点

（一）科技研发服务业

依托青岛海洋科学与技术试点国家实验室、国家海洋局第一海洋研究所、国家深海基地和国家海洋腐蚀与防护国防科技重点实验室等国家级海洋科技研发平台，加强海洋动力过程与气候、海洋生物医药、海洋矿产资源评价与探测、透明海洋、智慧海洋、海洋新材料、深海探测、深海开发等重大海洋技术攻关，加快突破一批重大海洋技术，加快建设海洋产业创新中心（北方基地），为青岛市、山东省乃至全国海洋经济创新发展提供科技研发服务，建设辐射能力强的海洋科技创新高地。

（二）教育培训服务业

围绕国际一流的蓝色文化教育和人才集聚中心建设，依托山东大学青岛校区、北京航空航天大学青岛校区、哈尔滨工程大学青岛科技园、西北工业大学青岛研究院、天津大学青岛海洋技术研究院、四川大学青岛研究院等高校和科研机构，设立"海洋+"高端人才工作站，建设研究生院和中外联合学院，开展高水平海洋创新人才培养，建设一批世界一流的海洋类高等院校和特色学科，打造一批高端海洋科普文化载体，发展成为具有国际影响力的海洋创新创业人才富集地区。

（三）检验检测服务业

依托青岛海检集团国家海洋设备检测中心和国家海洋设备质量监督检验中心等国家级检测机构，开展面向社会和产业发展的检验认证、计量校准和标准化服务等项目。聚合国内外一流检验检测创新资源，搭建政、产、学、研、检、用、金、介等多方参与的海洋设备质量协同创新网络，加快建设国家检验检测产业创新中心，围绕高端装备检验检测、传统检验检测、互联网+智慧检测、仪器设备研发制造等开展检测技术研发、技术标准修订制定和相关服务，不断提升适应海洋产业发展需求的国际一流检验检测和研发能力。

（四）知识产权服务和技术转移服务业

围绕建设国际一流的海洋成果孵化和交易中心，引进和重点支持发展一批高水平、专业化的知识产权代理机构和技术转移服务机构，推动知识产权服务机构开展知识产权评估、价值分析、运营等商用化服务，进一步拓展知识产权质押融资。依托蓝谷丰富的科教创新资源，加快建设环高校院所创业圈，推动"海洋＋"孵化器布局发展，开展技术孵化，实施技术转移，培育创业企业。支持领军企业凭借技术优势和产业整合能力，搭建开放的创业孵化平台，围绕产业链聚集培育企业，形成衍生创业群落。

五　政策措施

积极争取财税、金融和知识产权方面相关优惠政策，更多获得国家重大海洋专项、产业技术创新平台和产业项目专项资金、国家科技型中小企业创新基金支持青岛蓝谷发展。

（一）加大财政鼓励扶持力度，建立多元化科技服务投资运作模式

政府对科技服务业的财务类政策支持包括三方面：首先，政府在财政上鼓励新兴科技服务企业的发展，可以扩大科技发展金和科技风险金的扶持对象范围，在税收上适当减轻新兴科技服务业和相关从业人员的负担。其次，政府应尝试建立起一种多元的科技服务业投资运作模式，引导健康的民间金融资金参与到科技服务业的运作需要当中去，减小资金链缺乏而导致研究活动失败的风险。最后，由于中小型科技服务业的快速发展，政府还应该就中小型科技服务业企业提出相应的扶持政策，完善相关信息化平台。

（二）加大政府对教育培育行业的支持力度

政府从教育入手在教育体系的各个环节，由浅入深，逐步加强海洋教育和科普；海洋专业部门利用媒体与网络等高新技术手段，向公众传播海洋科技的新成果，并加快成果转化的步伐。提高海洋意识可以多渠道、全方位采用各种形式和手段宣传海洋的重要性；普及海洋知识；向大众传播"海洋与每个人密切相关"的理念，唤起全社会的海洋意识。

（三）鼓励社会资本以多种方式参与检验检测服务

鼓励社会资本以多种方式参与检验检测服务业，鼓励国内外检验检测机构在我省设立分支机构，加快培育一批具有较强市场竞争优势

的第三方检验检测机构。统筹整合科技资金，加大对检验检测服务业发展的支持。支持中小企业、服务业发展资金在安排使用上向检验检测服务业倾斜。做好企业研发费用加计扣除、技术转让所得税收优惠等政策的落实。落实国家级大学科技园、科技企业孵化器相关税收优惠政策。下放和简化审批程序，推进涉税事项"同城通办"和网上办税服务厅建设，为政策落实创造良好条件。

（四）引导多方合作推动成果转化与创业孵化服务发展

改变以往粗放式、集中式科技成果转化推进方式，由推动者转变为引导者，通过完善相关法规政策、明确各方责任，引导社会各方充分参与科技成果转化。引导创业孵化服务更具深度且周全，支持孵化器为孵化对象提供资金链与科技金融服务。

第二节　加快壮大有潜力的海洋新兴产业

一　发展基础

近年来，青岛蓝谷积极培育海洋新兴产业，在海工装备和先进机器人行业、海洋医药和生物制品行业、海洋新材料行业以及海水淡化和海水资源综合利用行业具有良好的产业基础。特别是龙头企业即发新材料和中船重工 725 所都落户在青岛蓝谷，其中，中船重工 725 所是中国唯一从事舰船材料研制及工程应用研究的综合性军工科研院所，承担了一大批国家"863""973"等高科技计划项目，在腐蚀控制、电解海水制氯等领域处于国内领先水平。青岛即发新材料有限公司是国家高新技术企业，也是中国最早从事海洋生物材料的研发、生产和销售的企业，拥有国家级企业技术中心、山东省级甲壳素材料工程研究中心和高素质的专业研发队伍，已获得 6 项壳聚糖纤维材料的国家发明专利，是《壳聚糖短纤维》行业标准的唯一起草单位。

从青岛全市来看，海洋新兴产业实力雄厚，为蓝谷新兴产业发展奠定了重要基础。2017 年，海洋高端装备制造业（海洋船舶与设备制造业）实现产值 2601 亿元，规模以上企业 226 家，其中海洋船舶业产值 127 亿元，基本形成比较完备的海洋船舶与设备制造产业体系；2017 年，海洋生物医药业实现产值 149 亿元，增加值 51 亿元，占全国的 15%，发展水平走在全国前列，规模以上企业 33 家；2017年，海洋新材料制造业（涉海产品及材料制造业）实现产值 1443 亿元，规模以上企业 56 家；2017 年，海水利用业实现产值 26 亿元，已建成海水淡化装置 5 套，海水淡化能力达到 21.9 万立方米/日，占全国总产能的 18.4%。

二 面临机遇

当前，新一轮科技革命和产业变革孕育兴起，海洋领域科技创新亮点纷呈，海工装备和先进机器人、海洋医药和生物制品、海洋新材料、海水淡化和海水资源综合利用等海洋新兴产业发展潜力巨大。

一是国家加大对海洋新兴产业的重视和扶持力度。国家在战略性新兴产业和大力发展海洋经济两个方面的战略选择为海洋新兴产业的发展提供重要历史契机。党中央、国务院高度重视海洋经济，特别是海洋新兴产业在国民经济中的战略作用。主要国家领导人多次提出要合理利用海洋资源，大力发展海洋产业。党的十九大报告提出发展海洋经济、保护海洋环境和维护海洋权益，并重点指出海洋强国梦是中国梦的一个重要组成部分。《国民经济和社会发展第十二个五年规划纲要》提出要"积极发展海洋油气、海洋运输、海洋渔业、滨海旅游等产业，培育壮大海洋生物医药、海水综合利用、海洋工程装备制造等新兴产业"；《中共中央关于制定国民经济和社会发展第十三个五年规划的建议》进一步做了明确规划，"优化海洋产业结构，发展远洋渔业，推动海水淡化规模化应用，扶持海洋生物医药、海洋装备制造等产业发展，加快发展海洋服务业"。《全国海洋经济发展"十三五"规划》明确表示要培育壮大海洋新兴产业，加快海洋工程装备制造业、海洋药物和生物制品业、海洋可再生能源业和海洋利用业的发展。

二是中国国内市场需求快速增长为新兴海洋产业发展提供巨大发展空间。随着中国综合国力的攀升，城镇化、工业化进程的加快和人民生活水平、消费水平、消费层次的不断提高，国内市场对战略性海洋新兴产业产品的需求快速上升，为战略性海洋新兴产业发展提供巨大发展空间。比如人们对健康、食品、特效药物的需求会催生海洋生物育种和健康养殖、海洋生物医药与功能制品业的发展；为了突破资源、能源和环境瓶颈，需要海水利用、海洋新材料、海洋新能源和海洋节能环保产业发展；加强对深海资源的勘探、研究和开发，实现国家的海洋战略需要各种海洋装备和精密仪器产业发展。展望未来，中国战略性海洋新兴产业市场空间巨大。以海洋生物医药业为例，海洋生物医药行业作为海洋战略性新兴产业，已经成为医药行业中较活跃、发展较快的领域，被公认为 21 世纪最有发展前景的产业之一。数据显示，海洋生物医药产业近年的增加值一直保持上升状态，且增长趋势较稳定，国内已经有数十家海洋药物研究单位和几百家开发、生产企业，海洋生物制药已经成为一个崭新的研究领域，发展潜力与势头猛烈。随着环境污染的加剧和人口老龄化问题日益严重，各种疑难疾病如心血管疾病、恶性肿瘤及老年性痴呆症等成为威胁人类健康的主要病症，海洋药物对治疗心血管、肿瘤等疾病具有疗效好、毒性低等优点，越来越受到人们的青睐。作为海洋大国，中国蕴藏着丰富的海洋生物资源，为研究开发海洋药物提供了充足的来源。

三是海洋科技研发快速增长，产业竞争力稳步增强。自 2014 年中国海洋科研教育管理服务业增加值突破 1 万亿元以来，中国海洋科研投入持续快速增加。由于海洋新兴产业高资源依赖性的特征，中国在发展的过程中也注重超前部署，及早攀越全球产业发展的制高点，以期在未来海洋资源开发、海洋经济发展等战略上抢先一步。如在深海运载、作业和通用技术装备方面，中国先后自主研制或与国外合作研制了工作深度从几十米到 7000 米的多种水下装备。深海热液保真采样器、天然气水合物保真取样器已进行多次成功海试，在一些性能指标上达到国际领先水平。

三　发展思路与目标

把握加快海洋强国建设的战略机遇，发挥蓝谷海洋科教资源丰富优势，突出海洋经济特色，加强海洋科技研发成果与风险投资和产业资本的对接，积极引进和培育海洋科技型领军企业，大力扶持海洋新兴产业，营造发展新业态。发挥海洋新兴产业对海洋经济发展的引领作用，不断加大资金投入，鼓励海洋科技创新，加大对海洋新兴产业发展企业的引导和扶持力度，将海洋新兴产业打造成海洋经济增长的重要支点。结合示范区海洋经济发展现状，科学制定海洋新兴产业的发展规划和重点方向，集中政策优势，搭建政府公共服务平台，引导鼓励其发展壮大。完善海洋经济发展体系，推进海洋领域的供给侧改革，全面提升海洋经济效益。推进海洋新兴产业发展与科技创新融合，以产学研融合企业为示范，强化海洋产业科技转化效率，打造具有核心竞争力的蓝色引擎。依托海洋资源及生态环境优势，大力发展"互联网＋"产业，进一步提升示范区海洋新能源、新材料、海洋生物医药等产业的经济效益，推动蓝谷从单一科研城向产学研融合城转变，建设国家重要的海洋新兴产业集聚区。到2025年，蓝谷海洋新兴产业产值超过200亿元，2035年蓝谷核心区及周边配套产业区海洋新兴产业产值将突破500亿元大关，成为中国海洋新兴产业重要集聚地。

四　发展重点

——海工装备和先进机器人。抢抓智慧海洋机遇，依托哈尔滨工业大学青岛研究院、大连理工大学青岛研究院等海工装备和先进机器人技术领先优势，积极拓展全领域覆盖的产业孵化平台，促进平台、技术、资金、人才、市场等产业发展资源整合，加快在特种船舶、工业机器人、服务机器人、特种机器人和相关海工装备领域培育细分行业龙头企业或科技创新型领军企业，推动产业化加速发展。围绕产业链做大做强和产业集群建设，积极引进国内行业龙头企业落户蓝谷，推动造船和先进装备产业高端化发展，提升海洋制造业发展能级。

——海洋药物和生物制品。依托青岛蓝谷海洋科技产业园，发挥特有海洋生物资源优势，积极吸引国内外海洋药物和生物制品重大项目落户，重点引导企业发展海洋创新药物、海洋生物活性物质和天然产物、海洋生物功能材料、海洋生物酶制品等，逐步打造完整的海洋药物和生物制品产业链条，促进特色海洋药物和生物制品产业集聚。围绕新技术、新业态、新模式、新产业，培育引进功能性食品、生物肥料、海水养殖、医用材料、微生物技术研发企业，坚持自主研发和引进消化相结合，形成一条研发、养殖、加工、应用紧密连接的产业链。健全海洋生物医药注册管理机制，落实海洋生物药品集中采购制度，支持临床必需、疗效确切、安全性高、价格合理的海洋生物创新药物优先列入医保目录。

——海洋新材料。服务国家海洋强国建设，把握海洋防腐材料等海洋新材料市场需求快速增长机遇，依托国家海洋腐蚀与防护国防科技重点实验室强大科研优势和中船重工 725 所领先产业优势，重点开展海洋涂料、重防腐涂料、功能性涂料（材料）、环保型涂料和高性能胶黏剂研发和生产，培育海洋涂料及功能材料产业集群。注重产学研结合，推动海洋新材料的应用和发展。注重推动知识、技术、项目、人才、资金、政策等要素聚集，逐步形成大中小企业联合、上中下游产业配套的海洋新材料产业基地和集群。

——海水淡化和海水利用。加大海水淡化国产化技术的研发投入，积极拓展与美国、日本、以色列、阿联酋等海水淡化发展领先国家合作，不断提高自主创新能力，发展海水淡化和海水直接利用产业示范工程，推进海水综合利用技术产业化，形成人海和谐的良好局面。逐步扩大海水直接利用领域，推广海水源热泵技术，并利用海水化验、脱硫、除灰、除渣等，提高科技对海水直接利用的贡献率。逐步建设一批海水抽水站、配水库、输送管道等设施，积极发展、推广海水冲厕技术，推进、扩大海水作为大生活用水的直接利用比重和使用范围，推动海水直接利用规模化发展。

——推动海洋新兴产业融合发展。突破发展与海洋融合互动的新模式、新业态、新产业、新技术、新载体，拓宽经济发展的新空间，打造海洋经济发展的新高地。实施"海洋＋新模式"，通过模式创新，促进海洋产业融合发展，大力推进海洋与互联网、众创空间等深度融合。实施"海洋＋新业态"，以业态创新，拓展海洋经济发展领域，延长产业发展链条，实施"透明海洋""智慧海洋"工程，发展海洋大数据服务、涉海现代物流、海洋文化体验、海洋体育休闲、蓝色金融服务等产业，构建现代海洋经济产业发展新体系。实施"海洋＋新产业"，以产业创新，促进海洋生物育种和健康养殖、海洋生物医药、海洋高端装备制造、海洋新材料、海洋新能源、海水淡化等海洋战略性新兴产业加快发展。实施"海洋＋新技术"，依托高校院所、企业技术中心等载体，加强海洋应用基础研究，突破产业关键技术，壮大高端人才队伍，推进新技术的商业化。实施"海洋＋新载体"，聚力青岛蓝谷建设，依托青岛海洋科学与技术试点国家实验室、国家深海基地等平台，建设国家海洋科技兴海示范基地。支持相关领域"海洋＋"产业龙头企业和创新型企业在国内外资本市场上市融资。

五　政策措施

抓住山东省新旧动能转换综合试验区和青岛核心区建设机遇，充分借鉴先进地区的发展政策，加强与上级有关职能部门对接，深入研究现有相关政策，有效整合在行政管理、科技创新、产业发展、财税和投融资、土地与海域管理、产业用地出让模式等方面的政策措施，逐步形成一系列完善的政策体系，加大对上资金争取力度，推动蓝谷海洋新兴产业创新发展。

一是建立政府采购与补贴制度。积极推进国家大型海洋资源调查船、现代化海事管理船舶、海事卫星及现代海洋探测监测装备体系建设，加大对国产海洋工程装备制造产品的政府采购力度。建立完善海洋新能源发电和海水淡化补贴制度，加大对相关企业和研发机构的财政扶持力度，鼓励政府部门和国有企业利用新能源和海水淡化水。健全海洋生物医药注册管理机制，落实海洋生物药品集中采购制度，支持临床必需、疗效确切、安全性高、价格合理的海洋生物创新药物优先列入医保目录。

二是完善地方税收优惠政策。根据海洋战略性新兴产业不同发展阶段的需要，完善税收优惠政策，增强税收优惠政策的针对性。重点实施面向促进技术进步、成果转化以及鼓励风险资本投入的税收优惠政策，加大对海洋战略性新兴产业风险投资以及研发投入的税收优惠力度，全面提高海洋战略性新兴产业发展的抗风险能力。

三是实施海洋科技创新企业品牌认定。加快实施海洋科技创新企业品牌认定，采用全国统一的海洋科技创新企业标准，对投资海洋高新技术产业的企业进行年度评估，对符合标准的企业授予海洋科技创新企业品牌，在税收、融资和人才引进等方面给予授牌企业重点扶持。

第三节　积极培育有特色的滨海服务业

一　发展基础

青岛市滨海旅游资源富集，自然环境优越，青岛蓝谷依山面海，拥有鹤山、东京山等山体资源，森林覆盖率56%，拥有鳌山湾、小岛湾等8处海湾，海岸线长32公里，海水水质良好，是青岛最优最美的滨海岸线之一。2017年，全市滨海旅游业实现旅游消费总额1640亿元，游客总量8816万人次，其中入境游客144万人次。有4A

级及以上景区 24 家，注册旅行社 500 余家，四星级以上宾馆 37 家。2017 年，全市涉海服务业（包括涉海金融服务、商务服务、会展服务、知识产权服务）实现总收入 314 亿元。

二 面临机遇

通过研究分析国内外现代滨海服务业市场，发现高端滨海旅游业、健康养生产业、特色文化产业和高端海洋会展业属于未来型产业，具有广阔的市场空间。

——高端滨海旅游业。近年来随着经济的发展、物质水平的提高，人们对精神文化的需求更为强烈，传统的旅游模式已不能满足人们的要求。邮轮游艇、海洋海岛等高端旅游产品需求量迅速攀升。中国旅游市场收入每年保持两位数快速增长的同时，滨海旅游已经成为检验国内休闲度假旅游市场发展成色的重要指标。2017 年滨海旅游业全年实现增加值 14636 亿元，比上年增长 16.5%，规模持续壮大。如今，在出境游领域，每年有超过 1/3 的游客选择了海岛、海洋相关的目的地，未来这一比例将继续扩大。

——健康养生产业。在人口老龄化与环境污染提高了居民的保健、医疗潜在需求，居民健康意识提升扩大了医疗保健支出，以及政策推进健康中国建设的背景下，目前，发达国家健康养生产业占 GDP 比例已达 15%，而中国目前却只占 5% 左右。在市场规模方面，目前美国的健康产业产值约为 15 万亿美元，而中国却只有 400 亿美元左右。中国科学技术发展战略研究院王宏广教授认为健康产业将是继通信业之后的中国第一支柱产业，其规模到 2020 年将达到 10 万亿元，预示着国内健康养生产业将掀起新的浪潮，进入高速发展的黄金时期。

——特色文化产业。2014 年文化部、财政部联合印发了《关于推动特色文化产业发展的指导意见》，提出海洋文化产业到 2020 年，应基本建成海洋特色鲜明、重点突出、布局合理、链条完整、效益显著的海洋文化产业发展格局，形成若干在全国有重要影响力的海洋文化产业带，建设一批典型的、带动作用明显的海洋文化产业示范区（乡镇）和示范基地，培育一大批充满活力的海洋文化市场主体，形成一批具有核心竞争力的海洋文化企业、产品和品牌。海洋文化产业将迎来一个"大发展"的新时代。

——高端海洋会展业。随着经济全球化水平的不断提升和国家间合作的不断加深，会展行业与旅游业、房地产并称为"世界三大无烟产业"，也由此成为城市名片、城市经济助推器的代名词。随着国民经济的不断发展，中国的海洋会展行业发展迅速。

此外，国家有关高端滨海旅游业、健康养生产业、特色文化产业和高端海洋会展业等方面的法律法规、战略规划、财税政策等也越来越多。《中国旅游业"十二五"发展规划纲要》提出要大力发展邮轮游艇、海洋海岛等高端旅游产品。2013 年，国务院发布《关于促进健康服务业发展的若干意见》。《"健康中国2030"规划纲要》印发，"健康中国"上升为国家战略。《山东省"十一五"服务业发展规划》中明确把节庆和会展业列为优先发展的重点生产性服务业，把节庆和会展业培育成山东省服务行业的新亮点。山东省人民政府办公厅做出了《关于加快会展业发展，促进会展消费的通知》，对于如何进一步加快会展业发展做出了重要部署。青岛市还出台了《关于加快会展业发展的意见》和《青岛市会展业管理暂行办法等》。

三 发展思路与目标

依托优美的自然风光、滨海岸线、温泉等资源条件和良好的海洋生态环境优势，加快重要基础设施建设，探索相关领域先行先试政策，构筑功能完善、宜居宜业、幸福和谐的良好滨海生态新城发展环境，重点发展高端滨海旅游、健康养生、特色文化和高端海洋会展业，打造国际一流水平的滨海服务业强区。到 2020 年高端滨海旅游和健康服务设施基本建成，年吸引游客数超过 200 万人次，滨海特色服务业产值超过 50 亿元，2025 年超过 100 亿元，2035 年超过 300 亿元，成为山东省重要的海洋旅游和滨海特色服务业基地。

四 发展重点

——高端滨海旅游业。加强塑造滨海景观特色，依托港中旅海泉湾等高端旅游平台，重点发展海水温泉、文化旅游、乡村旅游、商贸购物等产业，推动旅游业由传统观光旅游向观光游览与休闲度假并重转型。优化旅游产品结构，建设一批高品质旅游综合体，开发多样性、差异化旅游产品，鼓励发展智慧旅游，探索 O2O 旅游、大数据旅游等新模式。积极引进国内外知名品牌旅游企业落户青岛蓝谷，引导丰富旅游产品供给，积极发展海洋体育旅游和休闲渔业，加大投资引资力度，进一步优化景区环境和服务配套，努力打造"一村一岛一品"的特色小镇。发挥海洋科教资源丰富特色，联合青岛市区规划 1—2 条精品海洋旅游线路，完善高端海洋旅游、健康养生设施和酒店，开发涉海科技教育游、海洋科普旅游等特色旅游项目和产品，打造国内重要的海洋科普游和滨海休闲娱乐旅游目的地。

——健康养生产业。围绕建设国际一流的蓝色旅游和健康养生中心，整合区域内优势特色资源，挖掘海洋文化底蕴，开发一批特色旅游项目和产品，打造休闲度假养生旅游基地。吸引爱宾国康、美年健康等国内外知名健康管理机构在蓝谷设立分支机构，为蓝谷及周边市民和国内外游客提供高品质健康体检、健康咨询和健康管理服务。结合温泉养生优势，大力发展高端滨海养老养生服务。

——特色海洋文化产业。深入挖掘海洋历史文化底蕴，发挥青岛海洋科技城和青岛蓝谷海洋科技高地的优势，打造一批特色鲜明、功能完善、内容丰富的多功能海洋科技文化馆、图书馆、博物馆、展览馆等文化设施，重点建设国内首座以海洋为主题、以前沿文化科技为应用的中国海洋科技文化馆，开发一批海洋主题文化休闲旅游度假项目。以国家深海基地、中科院海洋生物标本馆、国家水下文化遗产保护中心北海基地、中国矿晶博物馆、中国海洋地质样品馆等为载体，加快集海洋科技发展、成果展示、文化交流、互动体验等功能于一体的科普教育和科技文化平台建设。发挥滨海高校、科研机构众多优势，积极对接青岛"东方影都"战略，加强与西海岸新区影视基地合作，积极推进电影电视拍摄、后期制作、影视人才培养、影视版权交易与开发等影视产业发展，积极拓展影视产业链，推动影视产业的集聚式发展。

——高端海洋会展业。依托青岛国际博览中心等资源优势，不断完善会展服务功能，加强与国内外会展机构的交流合作，积极承办国家、山东省和青岛市涉海会议、展览等活动。加强与国际涉海机构合作，积极承办国际海洋科技展览、重大比赛和相关高端会议。依托青岛海洋科学与技术试点国家实验室争取举办世界海洋院士论坛。积极引进各类涉海重大会展项目，创新举办青岛国际啤酒节、青岛国际海洋节、青岛海洋国际高峰论坛、青岛国际海洋科技展览会、青岛国际海洋时尚节、中国国际渔业博览会等展会，申办中国海洋文化产业博览会。以展会为纽带，注重应用现代信息技术提升会展业水平，促进海洋技术、产品、信息交流与交易协同发展，拓展展会参与性和互动性，增强参展体验。促进会展业与旅游业互动发展，拓展会展客源的参与性和娱乐性。鼓励会展品牌化发展，对连续举办三届、展位规模较大，并取得国家注册商品的展会给予专门奖励措施。支持会议、展览业宣传推广，展示提升蓝谷会展形象。

五 政策措施

(一) 抓紧培养海洋服务业相关人才

一是完善人才吸引机制，在海洋重大工程、重大项目上，加大人力资本支出的比例，让从事海洋服务业的高端人才能够过上物质上、精神上比较体面的生活，吸引更多的精英从事海洋服务业。二是完善海洋服务人才培养机制，加大海洋教育投入，调整和优化海洋高等院校学科和专业设置、课程体系和教学内容，完善海洋继续教育培训制度，鼓励海洋相关专业毕业生到基层台站、远洋船舶和偏远海岛等一线地区和艰苦岗位实习与工作，在实践中培养人才。三是明确海洋服务人才的培养重点，大力培养一批适应海洋旅游、物流、涉海金融等现代海洋服务业发展的高素质人才，以及海洋服务业所需的专业人才和管理人才，实现海洋服务业人才国际化。

（二）建立多元化的海洋服务业金融支持体系

一是加大对海洋服务业的投入，特别是对海洋教育、海洋科技投入的增长幅度高于财政收入的增长幅度。重点支持公共实验平台、重大科技攻关项目、重大基础设施的建设。二是加大政策性银行、商业银行对于海洋服务业的授信额度，并给部分贷款贴息。鼓励金融机构加大对高端海洋服务业的支持力度，支持符合条件的相关企业通过上市、发行债券和中期票据、合资等方式筹措资金。三是大力发展天使投资、风险投资、创新基金，支持社会资本参与天使投资，建立健全天使基金的风险管理、项目组织、专家评审、盈利退出模式以及激励约束机制。政府出资设立的创业风险投资引导基金，与国内外实力雄厚和经验丰富的创业风险投资机构一起，发起设立创业风险投资基金，以引导投资、带动贷款，分担风险、分享收益为原则，引导社会资金对海洋科技型企业进行股权投资，带动商业银行贷款。

（三）完善适应产业发展的良好环境

加快制定和完善促进海洋服务业发展的政策和规章制度。加快建立更加细化的统计指标和统计体系，定期跟踪和监测相关子行业发展形势，为制定产业发展政策提供数据支撑。

参考文献

国家海洋局海洋发展战略研究所课题组：《中国海洋发展报告（2012—2015）》，海洋出版社，相关各年。

高伟：《新兴产业成海洋经济新增长极》，《经济参考报》2015 年 6 月 24 日第 1 版。

郭越、董伟：《我国主要海洋产业发展与存在问题分析》，《海洋开发与管理》2010 年第 27 卷第 10 期。

韩立民、陈明宝：《海洋服务业：海洋经济新的增长点》，《海洋世界》2010 年第 6 期。

吕惠明：《海洋服务业的区域定位探析》，《管理世界》2011 年第 11 期。

郝艳萍、仲雯雯：《战略性海洋新兴产业发展六大路径》，《中国海洋报》2014 年 12 月 24 日第 4 版。

黄盛、周俊禹：《我国海洋生物医药产业集聚发展的对策研究》，《经济纵横》2015 年第 7 期。

姜秉国、韩立民：《海洋战略性新兴产业的概念内涵与发展趋势分析》，《太平洋学报》2011 年第 5 期。

姜朝旭、王静：《美日欧最新海洋经济政策动向及其对中国的启示》，《中国渔业经济》2009 年第 2 期。

焦永科：《21 世纪美国海洋政策产生的背景》，《中国海洋报》2005 年 6 月 3 日。

雷佳：《湾区经济的分析与研究》，《特区实践与理论》2015 年第
　2 期。

林贡钦、徐广林：《国外著名湾区发展经验及对中国的启示》，《深圳
　大学学报》2017 年第 9 期。

刘堃：《中国海洋战略性新兴产业培育机制研究》，博士学位论文，
　中国海洋大学，2013 年。

卢长利：《国外海洋科技产业集群发展状况及对上海的借鉴》，《江苏
　商论》2013 年第 6 期。

吕惠明：《海洋服务业的区域定位探析》，《管理世界》2011 年第
　11 期。

马忠新、伍凤兰：《湾区经济表征及其开放机理发凡》，《改革》2016
　年第 9 期。

綦鲁明：《深圳发展湾区经济监测指标体系建议》，《全球化》2016 年
　第 6 期。

申勇、马忠新：《构筑湾区经济引领的对外开放新格局》，《上海行政
　学院学报》2017 年第 1 期。

石莉：《美国对沿海及海洋进行空间规划管理》，《国土资源情报》
　2011 年第 12 期。

史小珍：《浙江省海洋旅游业转型升级的思考》，《海洋开发与管理》
　2008 年第 7 期。

宋军继：《美国海洋高新技术产业发展经验及启示》，《东岳论丛》
　2013 年第 4 期。

王海壮、栾维新：《中美海洋经济发展比较及启示》，载《2009 中国
　海洋论坛论文集》，中国海洋大学出版社 2009 年版。

Judith Kildow 等：《美国海洋和海岸带经济状况（2009）》，王晓惠等
　译，《经济资料译丛》2010 年第 1 期。

伍凤兰、陶一桃、申勇：《湾区经济演进的动力机制研究》，《科技进
　步与对策》2015 年第 12 期。

向友权等：《美国海洋公共政策的历史演变及新海洋价值观》，《海洋开发与管理》2013 年第 10 期。

许勤：《加快发展湾区经济服务"一带一路"战略》，《人民论坛》2015 年第 6 期。

叶芳：《"海洋公共服务"概念厘定》，《浙江海洋学院学报（人文科学版）》2012 年第 6 期。

詹姆斯·特纳：《美国海洋经济的发展现状与展望》，《科学时报》2009 年 8 月 31 日。

张杰：《从传统的海洋运输走向综合物流服务》，《东方企业文化》2010 年第 5 期。

张灵杰：《美国海岸带综合管理及其对我国的借鉴意义》，《世界地理研究》2001 年第 6 期。

张日新、谷卓桐：《粤港澳大湾区的来龙去脉与下一步》，《改革》2017 年第 5 期。

赵虎敬：《中美海洋经济政策比较》，《人民论坛》2015 年第 5 期。

赵锐：《美国海洋经济研究》，《海洋经济》2014 年第 4 期。

郑联盛、张春宇、刘东民：《发展海洋经济：中国需要学习什么》，《世界知识》2014 年第 9 期。